Sammlung ratio
Heft 4

Am Puls der Zeit
Plinius, Epistulae

bearbeitet von
Stefan Kliemt

C. C. BUCHNER VERLAG

Sammlung ratio
Die Klassiker der lateinischen Schullektüre

Herausgegeben von Michael Lobe

Heft 4: **Am Puls der Zeit. Plinius, Epistulae**
wurde bearbeitet von Stefan Kliemt

1. Auflage, 3. Druck 2021
Alle Drucke dieser Auflage sind, weil unverändert, nebeneinander benutzbar.

Dieses Werk folgt der reformierten Rechtschreibung und Zeichensetzung. Ausnahmen bilden Texte, bei denen künstlerische, philologische oder lizenzrechtliche Gründe einer Änderung entgegenstehen.

Redaktion: Barbara Szlagor
Layout und Satz: ideen.manufaktur, Bochum
Druck und Bindung: mgo360 GmbH & Co. KG, Bamberg

www.ccbuchner.de

ISBN 978-3-7661-**7704**-9

Inhaltsverzeichnis

Zu allen Zeiten haben sich Menschen zum Zwecke der Kommunikation schriftliche Botschaften gesandt. Geändert hat sich im Laufe der Zeit das Medium: Heute nutzen wir E-Mails, SMS und WhatsApp, früher verschickte man Briefe oder Telegramme.

Warum verfasste der antike Schriftsteller Plinius (61/62–ca. 113 n. Chr.) Briefe? Was sagen sie über ihn und seine Zeit aus? Diesen Fragen widmet sich die vorliegende Lektüreausgabe.

Plinius wurde in Norditalien geboren, studierte in Rom Rhetorik und Recht und begann dort seine Karriere im Staatsdienst, die ihn zum Vertrauten des Kaisers Trajan machte und ihn als Provinzstatthalter sogar in den Osten des Römischen Reiches führte (→ Zeittafel, S. 40). Aber diese glänzende Karriere genügte seinen Ansprüchen nicht: Seine literarische Tätigkeit hob ihn aus der Masse der römischen Politiker weit heraus. Abgesehen davon, dass seine Briefe bis heute wissenschaftlich von höchstem Wert sind – so kennt die Vulkanologie die sog. „Plinianische Eruption", benannt nach Plinius' Schilderung des Vesuvausbruchs 79 n. Chr. –, bilden sie eine wichtige Informationsquelle für das Leben und die Gesellschaft der römischen Kaiserzeit. Entdecken Sie bei der Lektüre die staunenswerte Fülle und Vielfalt der Themen des Plinius und machen Sie Bekanntschaft mit seinen berühmten Zeitgenossen und Freunden wie dem bedeutenden römischen Geschichtsschreiber Tacitus oder dem Meister der Epigrammdichtung Martial.

Zur Benutzung dieser Ausgabe

Um Ihnen den Zugang zu der Lektüre zu erleichtern, sind den lateinischen Texten deutsche Hinführungen und vertiefende Sachinformationen (**i**) sowie Text- (**M**) und Bildmaterial beigegeben. Alle zusammengehörenden Materialien sind in überschaubare Einheiten (meist Doppelseiten) gegliedert.

Als Vorbereitung auf die Lektüre stehen vor jedem Textabschnitt unter **W** Wörter aus dem adeo-Norm-Wortschatz, dessen Kenntnis für die Lektüre der Texte vorausgesetzt wird, und unter **G** Grammatikphänomene, deren Wiederholung sinnvoll und hilfreich erscheint. Dabei kann Ihnen Ihre Schulgrammatik behilflich sein. Alle darüber hinausgehenden Vokabeln sind entweder im ad lineam-Kommentar oder im Lernwortschatz (**LW**) enthalten. Wichtige antike Eigennamen und Ämter sind im Eigennamen- und Sachverzeichnis (**EV**) unter ihrer lateinischen Form zu finden. Der Anhang fasst das für die Lektüre notwendige Grundwissen zusammen.

Tomasso Rodari (tätig um 1486–1526): Plinius der Jüngere, Nischenfigur, Dom zu Como, Italien

Plinius und seine Briefe

Briefe aus der Antike stellen einen Glücksfall dar, insofern Sie unmittelbare Einblicke in das Leben des Autors sowie die Gesellschaft und Politik seiner Zeit gewähren. So wie Ciceros umfangreiches Briefkorpus Alltägliches und Politisches aus der Zeit der untergehenden Republik berichtet, bieten die Briefe des Plinius ein plastisches Bild des ausgehenden 1. Jhs. n. Chr.

Plinius' Briefsammlung umfasst zehn Bücher. Die ersten neun enthalten Briefe zu den unterschiedlichsten Alltagsthemen wie das Leben in Rom und in den römischen Provinzen, die Sklaverei oder die Massenunterhaltung. Diese Briefe sind zwar an echte Briefpartner gerichtet, waren aber von Anfang an für eine spätere Veröffentlichung gedacht und entsprechend sorgfältig verfasst, deshalb spricht man auch von sog. Kunstbriefen. Buch 10 kommt als einer Sammlung von Amtsschreiben an und von Kaiser Trajan eine besondere Stellung zu (→ GW, S. 41).

Plinius und seine Zeit

Plinius erlebte in seiner aktiven Berufszeit vier Kaiser: Titus, Domitian, Nerva und Trajan (→ Zeittafel, S. 40). Besonders prägend für sein Leben waren zwei Kaisergestalten, die als gegensätzliche Typen in die Geschichte eingegangen sind: Domitian als Tyrann und schlechter Herrscher, Trajan als Musterkaiser und vorbildlicher Lenker des römischen Reichs.

Domitian herrschte als letzter Kaiser der flavischen Dynastie von 81–96 n. Chr. Indem er sich als *dominus et deus*, unumschränkter Herrscher und Gott zugleich, anreden ließ, brach er mit der von Augustus klug erfundenen Idee des Kaisers als *princeps*. Dieser verstand sich als Erster unter Gleichen (*primus inter pares*), der dem Senat und dem Volk gebührenden Respekt zollte, auch wenn er tatsächlich Alleinherrscher war.

Dass Domitian sich durch seine Selbstvergottung von dieser Tradition löste, verzieh man ihm nicht. Sein harter Regierungsstil mit Einführung von Zensur, Ausweisungen von Philosophen aus Rom und sogar Bücherverbrennungen ließ seine Leistungen wie die Bekämpfung der Korruption, das Ordnen der Staatsfinanzen, die erfolgreiche Verwaltung der Provinzen und seine militärischen Erfolge in den Hintergrund treten.

Kaiser Trajan dagegen, unter dem Plinius als Statthalter diente, wurde am Ende seiner von 98–117 n. Chr. dauernden Amtszeit als *optimus princeps* betitelt – er hatte sich durch seine bescheidene, maßvolle und fürsorgliche Art des Regierens beliebt gemacht. Wie Augustus hatte er das Römische Reich um viele Provinzen erweitert, pflegte anders als viele Vorgänger ein harmonisches Verhältnis zum Senat, bot der Bevölkerung Roms regelmäßige Geldspenden und üppige Spiele und bereicherte Rom um gewaltige Bauten wie die Trajansthermen und das Forum Traiani. Möglich wurden diese Investitionen durch die Steuereinnahmen nach dem Sieg über das Reich der Daker, einen für Rom vorher oft gefährlichen Gegner.

1 Plinius als Privatmensch

1.1 Leben in der Stadt oder auf dem Land?

Es ist ein altes Vorurteil von Städtern, sich als weltoffen und gebildet zu betrachten, Menschen auf dem Land dagegen als unkultiviert und ahnungslos anzusehen. Ob es besser ist, in der Stadt oder auf dem Land zu leben, war schon in der Antike ein umstrittenes Thema (*ep.* 1,9).

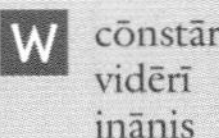

cōnstāre
vidērī
inānis

ēvenīre
nēmō
sinister

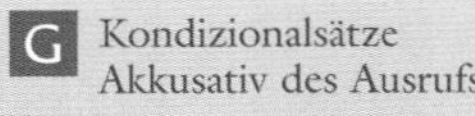

Kondizionalsätze
Akkusativ des Ausrufs

C. Plinius Minicio Fundano suo s.

Mirum est, quam singulis diebus in urbe ratio aut constet aut constare videatur, pluribus iunctisque non constet. Nam, si quem interroges „Hodie quid egisti?“, respondeat: „Officio togae virilis interfui, sponsalia aut nuptias frequentavi, ille me ad signandum testamentum, ille in advocationem, ille in consilium rogavit.“ Haec, quo die feceris, necessaria, eadem, si cotidie fecisse te reputes, inania videntur, multo magis, cum secesseris. Tunc enim subit recordatio: „Quot dies quam frigidis rebus absumpsi!“ Quod evenit mihi, postquam in Laurentino meo aut lego aliquid aut scribo aut etiam corpori vaco, cuius fulturis animus sustinetur. Nihil audio, quod audisse, nihil dico, quod dixisse paeniteat; nemo apud me quemquam sinistris sermonibus carpit, neminem ipse reprehendo, nisi tamen me, cum parum commode scribo; nulla spe, nullo timore sollicitor, nullis rumoribus inquietor: Mecum tantum et cum libellis loquor. O rectam sinceramque vitam! O dulce otium honestumque ac paene omni negotio pulchrius! O mare, o litus, verum secretumque μουσεῖον, quam multa invenitis, quam multa dictatis! Proinde tu quoque strepitum istum inanemque discursum et multum ineptos labores, ut primum fuerit occasio, relinque teque studiis vel otio trade. Satius est enim, ut Atilius noster eruditissime simul et facetissime dixit, otiosum esse quam nihil agere. Vale.

ratiō cōnstat: die Rechnung geht auf – *K.* plūribus iūnctīsque (diēbus) – **officium togae virīlis:** feierliche Anlegung der Männertoga (*mit 16 Jahren wurden röm. Jungen volljährig, sie erhielten volles Bürger- und Wahlrecht; als Zeichen legten sie die mit einem Purpurstreifen versehene Kindertoga ab und zogen die weiße Männertoga an*) – **spōnsālia, um** n Pl.: Verlobung – **sīgnāre testāmentum:** ein Testament unterzeichnen
advocātiō, ōnis f: juristische Beratung, Vertretung vor Gericht
cōnsilium *hier:* Rechtsgutachten
quō diē ~ eō diē, quō – **reputāre:** bedenken – **sēcēdere, -cessī, -cessum:** sich (aufs Land) zurückziehen
subīre *hier:* sich (leise) aufdrängen
recordātiō, ōnis f: Erinnerung
quot: wie viele – **frīgidus:** LW1; *hier:* unwichtig, trivial – **absūmere** ~ cōnsūmere – **quod:** *relativischer Satzanschluss* – **postquam** (+ Präs.): seitdem – **fultūra:** Stütze
paenitet aliquem: es reut einen
carpere *hier:* zerpflücken, niedermachen – **nēmō ... nisī:** niemand ... außer – **parum commodē:** zu wenig angemessen – **rūmor, ōris** m: Gerücht – **inquiētāre:** beunruhigen
sincērus: aufrichtig, echt, rein
omnī negōtiō: Abl. comp.
sēcrētus: heimlich, abgelegen
μουσεῖον (mouseion): Musentempel – multa (verba) – **strepitus, ūs** m: Lärm, Getöse – **discursus, ūs** m: das Hin- und Herrennen
multum Adv.: sehr – **ineptus:** unpassend, unangemessen
ut prīmum: sobald – **satius** ~ melius – **Atilius:** Freund des Plinius
facētus: witzig

1. Gliedern Sie den Brief. Geben Sie den einzelnen Abschnitten Überschriften und nennen Sie typische Merkmale eines antiken Briefes, die Plinius hier nutzt (→ i).
2. Stellen Sie in Partnerarbeit zusammen, wie Plinius das Leben in der Stadt, wie das auf dem Land beschreibt, und erklären Sie, wie er zu diesen Einschätzungen kommt.
3. Arbeiten Sie heraus, wie die stilistische Ausgestaltung den Inhalt unterstützt (→ GW, S. 42f.).
4. Vergleichen Sie die Argumente bei Plinius mit dem Gedicht seines Zeitgenossen Martial (→ M, i).
5. Interpretieren Sie den von Plinius zitierten Satz des Atilius *Satius est otiosum esse quam nihil agere* (Z. 24f.), indem Sie erläutern, was für Plinius *negotium*, *otium* und *nihil agere* bedeuten. Ziehen Sie ggf. ein Lexikon zu Rate.
6. Versetzen Sie sich in die Lage eines heutigen Immobilienmaklers, der zwei Wohnungen, eine in der Stadt, eine auf dem Land, zu vermitteln hat. Erörtern Sie Vor- und Nachteile des jeweiligen Standorts. Vergleichen Sie dies mit Plinius' bzw. Martials Position (→ M).

M Wo lebt es sich besser? (Martial, *carm.* 10,58,1-10)

Als ich, Frontinus, die stille Zurückgezogenheit des am Meer liegenden Städtchens Anxur genoss, dazu den naheliegenden Badeort Baiae, das Haus am Strand, den kleinen Wald, den die lästigen Zikaden in sengender Sommerhitze nicht aufsuchen, und die flussartigen Seen, da hatte ich Zeit, mit dir die gelehrten Musen zu feiern: Jetzt aber reibt das riesige Rom mich auf. Wann habe ich hier in Rom einen Tag für mich? Ich werde im Gewoge der Großstadt hin- und hergeworfen, und in stumpfsinniger Arbeit verrinnt das Leben, während ich die Äcker meines Vorstadtgütchens und mein Haus auf dem Quirinal versorge (...).
(Übersetzung: M. Lobe)

i M. Valerius Martial

Der Dichter Martial wurde 40 n. Chr. in Spanien geboren, siedelte als junger Mann nach Rom über, wo er knapp 30 Jahre lebte und durch seine Spottepigramme berühmt wurde. Seine Begeisterung für das Landleben ließ ihn im Alter wieder nach Spanien zurückkehren. Dort aber musste er erkennen, dass ihm die Großstadt Rom doch fehlte - vor allem weil ihm in der alten Heimat die Anerkennung des Publikums versagt blieb. Martial war ein Bekannter des Plinius, der ihn förderte.

i Kennzeichen der Gattung Brief

In der Begrüßungsformel (Präskript) nennt sich der Verfasser im Nominativ, den Adressaten im Dativ und fügt die Grußformel *s(alutem) d(icit)* hinzu. Das Hinzusetzen des Possessivpronomens *suus* drückt dabei eine besondere Nähe zwischen Schreiber und Adressat aus. Üblich ist es auch den Ort anzugeben und den Brief nach dem römischen Kalender zu datieren. Das Ende des Briefes (Postskript) markiert die Grußformel *Vale.*
Der Brief soll *brevitas* (daher der deutsche Begriff Brief) anstreben und sich deshalb möglichst nur auf ein Thema beschränken. Man verstand Briefe als Gespräche zwischen Abwesenden bzw. halbierte Dialoge (→ GW, S. 41).

1.2 Ein Tag auf dem Landgut

Wenn es Sommer wird, dann fliehen Römer möglichst aus der Stadt. Auch zur Zeit des Plinius zog man sich im Hochsommer in die *villae* im kühleren Umland zurück (*ep.* 9,36).

W diēs
aestās
sequī (+ Akk.)
similis (+ Dat.)
compōnere
rūrsus

G Participium coniunctum
Substantivierung des Adjektivs
Passivformen

2 C. Plinius Fusco suo s.

Quaeris, quemadmodum in Tuscis diem aestate disponam. Evigilo, cum libuit, plerumque circa horam primam, saepe ante, tardius raro. Clausae fenestrae manent; mire enim silentio et tenebris ab iis, quae avocant, abductus et liber et mihi relictus non oculos animo, sed animum oculis sequor, qui eadem quae mens vident, quotiens non vident alia. Cogito, si quid in manibus, cogito ad verbum scribenti emendantique similis nunc pauciora, nunc plura, ut vel difficile vel facile componi tenerive potuerunt. Notarium voco et die admisso, quae formaveram, dicto; abit rursusque revocatur rursusque dimittitur. Ubi hora quarta vel quinta – neque enim certum dimensumque tempus –, ut dies suasit, in xystum me vel cryptoporticum confero, reliqua meditor et dicto. Vehiculum ascendo. Ibi quoque idem quod ambulans aut iacens; durat intentio mutatione ipsa refecta. Paulum redormio, dein ambulo, mox orationem Graecam Latinamve clare et intente non tam vocis causa quam stomachi lego; pariter tamen et illa firmatur. Iterum ambulo, ungor, exerceor, lavor. Cenanti mihi, si cum uxore vel paucis, liber legitur; post cenam comoedia aut lyristes; mox cum meis ambulo, quorum in numero sunt eruditi. Ita variis sermonibus vespera extenditur, et quamquam longissimus dies cito conditur.

Non numquam ex hoc ordine aliqua mutantur; nam, si diu iacui vel ambulavi, post somnum demum lectionemque non vehiculo, sed, quod brevius, quia velocius, equo gestor. Interveniunt amici ex proximis oppidis partemque diei ad se trahunt interdumque lasso mihi opportuna interpellatione subveniunt. Venor aliquando, sed non sine pugillaribus, ut, quamvis nihil ceperim, non nihil referam.

dispōnere: einteilen – **ēvigilāre:** aufwachen – **circā** (+ Akk.): (*zeitlich*) um, gegen – **hōra prīma:** sechs Uhr morgens → i – **fenestrae:** Fensterläden – **āvocāre:** abrufen, ablenken **mihi relictus:** mir selbst überlassen **eadem quae** (Akk. Pl. n): dasselbe wie – **ad verbum:** Wort für Wort **ut vel … vel:** je nachdem, ob … oder **difficile** *hier:* Adv. – **tenērī** (memoriā) – **notārius:** Schreiber – **diem admittere:** Tageslicht hereinlassen **fōrmāre:** gestalten – **dictāre:** LW1 **hōra quārta:** zehn Uhr – **hōra quīnta:** elf Uhr – **dīmēnsus:** abgemessen, bestimmt – **diēs, ēī** *hier:* Wetter – **suādēre, suāsī:** raten, empfehlen – **xystus, cryptoporticus** → A 1 – **sē cōnferre:** sich begeben **idem (agō) quod:** dasselbe wie **dūrāre:** fortdauern – **intentiō, ōnis** f: Aufmerksamkeit – **mūtātiō, ōnis** f → mūtāre – **reficere, -ficiō, -fēcī, -fectum:** wiederherstellen – **refecta:** Nom. Sg. f – **redormīre:** wieder schlafen – **dein** ~ deinde – **intentus:** angestrengt – **stomachus** → A 1 **causa stomachi lego:** *Ärzte empfahlen lautes Lesen gegen Verdauungsstörungen* – **ung(u)ere:** salben **exercērī:** Gymnastik treiben – **lavārī:** sich waschen, baden – paucīs (cēnō) **cōmoedia, lyristēs** → A 1 – **meī:** meine Leute (*alle, die zur familia des Plinius gehören*) – **ērudītus:** LW1 – **vespera:** Abend – **extendere:** hinziehen – **quamquam longissimus diēs:** selbst der längste Tag – **condī:** beendet werden – **vēlōx, ōcis:** schnell – **gestārī:** sich tragen lassen **intervenīre:** dazwischenkommen **ad sē trahere:** in Anspruch nehmen **lassus:** müde, matt – **interpellātiō, ōnis** f: Unterbrechung, Störung **vēnārī:** jagen – **aliquando** Adv.: manchmal

Datur et colonis, ut videtur ipsis, non satis temporis, quorum mihi agrestes querelae litteras nostras et haec urbana opera commendant. Vale!

colōnus: Pächter – **agrestis, e:** ländlich – **querēla** → querī **urbānus** → urbs – **commendāre:** anvertrauen, angenehm machen

1. Klären Sie mithilfe eines Wörterbuchs die Bedeutung folgender aus dem Griechischen stammender Wörter: *xystus*, *cryptoporticus*, *stomachus*, *comoedia*, *lyristes*.
2. Stellen Sie alle Passivformen aus dem Text zusammen. Unterscheiden Sie zwischen regulären Verben und Deponentien.
3. Stellen Sie unter Einbezug der beiden **i**-Texte in tabellarischer Form den typischen Tagesablauf von Plinius zusammen.
4. Beschreiben Sie ausgehend vom Bild den Arbeitsalltag einfacher Leute auf dem Land und vergleichen Sie ihn mit den Aktivitäten des Plinius. Erschließen Sie seine Haltung zur Landbevölkerung.
5. Erläutern Sie, weshalb Plinius am Morgen die Fenster geschlossen lässt. Erklären Sie die Aussage *non oculos animo, sed animum oculis sequor* (Z. 6f.).
6. Erörtern Sie, welcher Berufsgruppe Plinius heute angehören könnte. Entwickeln Sie in Partnerarbeit für diesen „modernen Plinius" einen Tagesplan.

i *Cena*

Die *cena* galt bei den Römern als Hauptmahlzeit des Tages. Sie begann am frühen Nachmittag (zwischen 14.00 und 16.00 Uhr) und zog sich z. T. bis tief in die Nacht hin. Für die einfachen Leute bestand die *cena* meist aus der traditionellen *puls*, einem Mehlbrei, und Gemüse. In der Mittel- und Oberschicht hingegen entwickelte sich die *cena* zu einem Dreigangmenü bestehend aus Vorspeise, Hauptgang und Nachtisch. Das Rahmenprogramm gestaltete sich nach den Interessen des Gastgebers: Literaturdarbietungen, Musik, Tanzvorführungen, Späße von Gauklern.

i Römische Zeitmessung

Die Römer verwendeten die Zeiteinheit „Stunde" nicht im heutigen Sinn. Sie unterteilten den Tag, die Zeitspanne vom Sonnenaufgang bis zum Sonnenuntergang, in zwölf Stunden. Da im Sommer die Tage länger waren als im Winter, waren auch die einzelnen Stunden in den Sommermonaten länger. Mit dem Sonnenaufgang begann die erste Stunde, die sechste Stunde war die Mittagszeit. Wenn die Sonne z. B. um 6.00 Uhr aufging, war die fünfte Stunde um 11.00 Uhr.

Olivenernte, römisches Mosaik (3. Jh. n. Chr.), St. Romain-en-Gal

1.3 Plinius auf der Jagd

„Abschalten", um mal auf andere Gedanken zu kommen. Den Eindruck könnte man haben, wenn Plinius auf die Jagd geht - aber: weit gefehlt (*ep.* 1,6).

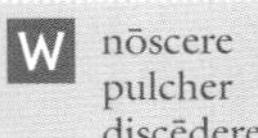

W nōscere, pulcher, discēdere, manus, genus, ferre

G Deponentien, Gebrauch von Imperfekt und Perfekt

3 C. Plinius Cornelio Tacito suo s.

Ridebis, et licet rideas. Ego, ille, quem nosti, apros tres et quidem pulcherrimos cepi. ‚Ipse?' inquis. Ipse; non tamen, ut omnino ab inertia mea et quiete discederem. Ad retia sedebam; erat in proximo non venabulum aut lancea, sed stilus et pugillares; meditabar aliquid enotabamque, ut, si manus vacuas, plenas tamen ceras reportarem. Non est, quod contemnas hoc studendi genus; mirum est, ut animus agitatione motuque corporis excitetur; iam undique silvae et solitudo ipsumque illud silentium, quod venationi datur, magna cogitationis incitamenta sunt. Proinde, cum venabere, licebit auctore me ut panarium et laguncula sic etiam pugillares feras: experieris non Dianam magis montibus quam Minervam inerrare. Vale.

licet (ut) rideās - nō(vi)stī - **aper, aprī** m: Eber, Wildschwein - **et quidem:** und zwar - **rēte, retis** n: Netz - **in proximō:** in der Nähe **vēnābulum:** Jagdspieß **lancea:** Speer, Lanze - **stilus:** Schreibstift - **pugillārēs:** LW2 **meditārī:** LW2 - **ēnotāre:** aufschreiben - **cēra:** Wachs(tafel) **reportāre:** nach Hause bringen **nōn est, quod** (+ Konj.): es gibt keinen Grund dafür, dass **agitātiō, ōnis** f: Tätigkeit - **iam** *hier:* außerdem - **silentium:** LW2 **vēnātiō, ōnis** f: Jagd - **darī** *hier:* typisch sein für - **cōgitātiō, ōnis** f → cōgitāre - **incitāmentum:** Ansporn - **proinde:** daher - **vēnārī:** jagen - **vēnābere** ~ vēnāberis licebit, (ut) ferās - **auctōre mē:** nominaler Abl. abs. - **ut ... sīc** *hier:* sowohl ... als auch - **pānārium:** Brotkorb - **laguncula:** kleine Flasche - **pugillārēs:** LW2 - **Diāna, Minerva** → A 5 - **inerrāre** (+ Dat.): umherirren in etwas

1. Beschreiben Sie vor der Übersetzung des Textes, was Sie von einem Jagdbericht erwarten, und vergleichen Sie Ihre Vorstellung mit dem Text des Plinius.
2. Stellen Sie nach der Lektüre von **i** in Partnerarbeit aus dem Text Sachfelder zu den Themen „Jagen" und „Schreiben" zusammen.
3. Erläutern Sie die Bedeutung, die die Natur für Plinius hat. Stimmen Sie seiner Einschätzung zu?
4. Vergleichen Sie die Aussagen zu Jagd und Dichtkunst bei Plinius mit denen bei Roda Roda (→ M).
5. Informieren Sie sich in einem (Online-)Lexikon über Diana, Minerva und Apollo. Erklären Sie den letzten Satz des Briefes und den Schlussvers bei Roda Roda.

i Die Jagd als Freizeitvergnügen

Ursprünglich diente die Jagd im Mittelmeergebiet dem Schutz eigener Viehherden und dem Gewinn von Fleisch und Fell; erst später entwickelte sich die Jagd zum Sport als Freizeitbeschäftigung höher gestellter Schichten. In Rom jagte man zu Fuß oder zu Pferd, mit Hunden oder Treibern; zur Jagdausrüstung gehörten Speere, Lanzen, aber auch verschiedene Arten von Netzen, in denen sich Hasen und Wildschweine verfangen sollten.

Wildschweinjagd, römisches Mosaik (1. Jh. n. Chr.), Museo Nacional de Arte Romano, Mérida

M Jagdvergnügen am Anfang des 20. Jhs.: Roda Roda, *Sommer*

Alexander Roda-Roda,
eigentlich Sandor Friedrich Rosenfeld (1872-1945),
österreichischer Schriftsteller

Man kann heut' keinen Ritt erwägen:
Denn erstens ist 'ne Schweinehitze,
Daß ich sogar im Haine schwitze,
Und dann droht ein Gewitterregen.

So sehr ich mich vor Blitzschlag hüte
- mit Eisen bin ich ja geharnischt -
Ich fürchte, daß im Hage jar nischt
Geringres mir als Hitzschlag blühte.

Drum leg ich ab das Flintentaschel,
Das Elchkolett, den Riesendegen -
Erwart' zu Hause diesen Regen
Und greife nach dem Tintenflaschel.

Kolett: veralteter Ausdruck für Wams, Reiterweste

So oft mich Glut im Neste bannte,
Hab' ich mein Plektrum leis' geschwungen
Und manches ist im Schweiß gelungen,
Was selbst Apoll das beste nannte.

Plektrum: Plättchen oder Stäbchen zum Anreißen der Saiten von Zupfinstrumenten

2 Plinius als Gast und Gastgeber

2.1 Ein seltsamer Gastgeber

Kann ein Gastgeber zugleich verschwenderisch und geizig sein (*ep.* 2,6)?

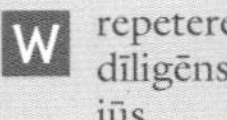

repetere
dīligēns
iūs
animadvertere
ūtī
ōrdō

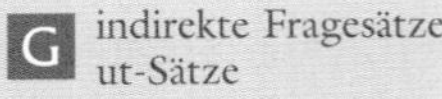

indirekte Fragesätze
ut-Sätze

4 C. Plinius Avito suo s.

Longum est altius repetere nec refert, quemadmodum acciderit, ut homo minime familiaris cenarem apud quendam, ut sibi videbatur, lautum et diligentem, ut mihi, sordidum simul et sumptuosum. Nam sibi et paucis opima quaedam, ceteris vilia et minuta ponebat. Vinum etiam parvolis lagunculis in tria genera discripserat, non ut potestas eligendi, sed ne ius esset recusandi: aliud sibi et nobis, aliud minoribus amicis – nam gradatim amicos habet –, aliud suis nostrisque libertis. Animadvertit, qui mihi proximus recumbebat, et, an probarem, interrogavit. Negavi. „Tu ergo“, inquit, „quam consuetudinem sequeris?“ – „Eadem omnibus pono; ad cenam enim, non ad notam invito cunctisque rebus exaequo, quos mensa et toro aequavi.“ „Etiamne libertos?“ „Etiam; convictores enim tunc, non libertos puto.“ Et ille: „Magno tibi constat.“ „Minime.“ „Qui fieri potest?“ „Quia scilicet liberti mei non idem, quod ego, bibunt, sed idem ego, quod liberti. Et, hercule, si gulae temperes, non est onerosum, quo utaris ipse, communicare cum pluribus. Illa ergo reprimenda, illa quasi in ordinem redigenda est, si sumptibus parcas, quibus aliquanto rectius tua continentia quam aliena contumelia consulas.“

Quorsus haec? Ne tibi, optimae indolis iuveni, quorundam in mensa luxuria specie frugalitatis imponat. Convenit autem amori in te meo, quotiens tale aliquid inciderit, sub exemplo praemonere, quid debeas fugere.

Igitur memento, nihil magis esse vitandum quam istam luxuriae et sordium novam societatem; quae cum sint turpissima discreta ac separata, turpius iunguntur. Vale.

longum est: es würde zu weit führen
altius repetere: weiter ausholen
homō minimē familiāris: ich als ...
lautus: sauber, vornehm – ut mihi (vidēbātur) – **sūmptuōsus:** einer, der luxuriös lebt – **opīma, ōrum** n Pl.: fette (= die besten) Brocken
minūtus: klein geschnitten – **pōnere** *hier:* vorsetzen – **parvolus:** sehr klein – **laguncula:** kleine Flasche
genus, eris n *hier:* Sorte – **discrībere, -scrībō, -scrīpsī, -scrīptum:** verteilen
recūsāre: ablehnen – **gradātim:** stufenweise – **lībertus:** Freigelassener (→ i) – **animadvertit, quī** ~ animadvertit is, quī – **recumbere:** sich zum Essen legen – **an:** ob
an probārem: *gemeint ist das Ausschenken unterschiedlichen Weins je nach gesellschaftlicher Gruppe*
nōta: Kennzeichen, Herabsetzung
exaequāre: gleichstellen – **exaequō, quōs** ~ exaequō eōs, quōs
torus: Sofa, Polster – **aequāre in** (+ Abl.): gleichmachen in – **etiam** *hier:* Ja – **convīctor, ōris** m: Freund, Tischgenosse – **māgnō** (Abl. pretii) **cōnstāre:** viel Geld kosten – **quī:** wie – **idem, quod:** dasselbe wie
hercule: beim Herkules – **gula:** Gurgel, Kehle – **temperāre** (+ Dat.): mäßigen, zügeln – **onerōsus:** belastend – **commūnicāre:** sich etwas mit jemandem teilen – (id), quō utāris ipse, commūnicāre – **reprimere:** beschränken – **in ōrdinem redigere:** in Schranken weisen – **aliquantō:** um einiges – **contumēlia:** Schmähung – **quōrsus:** wozu – **indolēs, is** f: Veranlagung – **specie frūgālitātis:** unter der Maske der Sparsamkeit
impōnere, -posuī, -positum: Eindruck machen – **convenit** (+ Dat.): es passt zu – **sub exemplō** *hier:* mit einem Beispiel – **praemonēre:** vorher warnen – **sordēs, ium** f Pl. *hier:* Geiz
discrētus: abgesondert

1. Beschreiben Sie präzise das Verhalten des Gastgebers, wobei Sie die beiden **i**-Texte miteinbeziehen.
2. Arbeiten Sie mithilfe von Belegstellen die Ansicht des Plinius zum Verhalten des Gastgebers heraus.
3. Erschließen Sie mithilfe eines Wörterbuchs die ursprüngliche Bedeutung der Begriffe *luxuria* und *sordes*. Erklären Sie die Aussage des Satzes *Igitur memento ... iunguntur* (Z. 27–29).
4. Erklären Sie, welche im Brief genannten Gruppen auf dem Bild dargestellt sein könnten.
5. Versetzen Sie sich in die Lage des Gastgebers und schreiben Sie eine Entgegnung auf den Brief des Plinius.
6. Diskutieren Sie, ob und wo es in heutiger Zeit vergleichbare Verhaltensweisen wie die in Z. 5f. geschilderten gibt.

Roberto Bompiani (1821–1908): Das Triclinium, Getty Museum, Los Angeles

i *Liberti*

Freigelassene waren ehemalige Sklaven, die sich freigekauft hatten oder von ihren Herren freigelassen worden waren. Sie waren zwar römische Bürger, aber rechtlich sehr eingeschränkt (sie durften z. B. keine militärischen oder politischen Ämter ausüben). Der Freigelassene wurde automatisch Klient seines ehemaligen Herrn und war ihm so weiterhin verbunden. Manche Freigelassene brachten es im Handelssektor zu großem Reichtum oder in der kaiserlichen Verwaltung zu enormem Einfluss.

i *Clientes*

Das Klientelwesen war ein wesentlicher Bestandteil der römischen Gesellschaft. Zwischen dem Patron und seinen Klienten herrschte ein persönliches Verhältnis (*fides*). Der Patron sicherte die Existenz seiner Klienten, indem er sie vor Gericht unterstützte, ihre Karriere förderte und ihnen in Notfällen materielle Unterstützung zukommen ließ. Dafür tat der Klient alles, um die Stellung seines Patrons zu sichern: Er unterstützte ihn im Wahlkampf, stimmte in seinem Sinne bei Wahlen, erschien morgens zur Begrüßung (*salutatio*) und begleitete ihn bei politischen Anlässen.

2.2 Eine verschmähte Einladung

Gewiss kennen Sie das: Man hat sich unter Freunden zu einem Treffen verabredet, freut sich darauf, wartet - und wird dann versetzt. Auch Plinius hat diese Erfahrung gemacht (*ep.* 1,15).

prōmittere
reddere
mālle
rīdēre
experīrī
potius

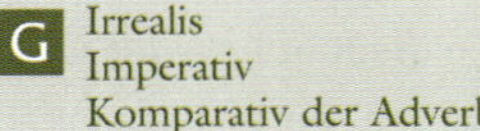

Irrealis
Imperativ
Komparativ der Adverbien

5 C. Plinius Septicio Claro suo s.

Heus tu! Promittis ad cenam nec venis? Dicitur ius: ad assem impendium reddes, nec id modicum. Paratae erant lactucae singulae, cochleae ternae, ova bina, halica cum mulso et nive - nam hanc quoque computabis, immo hanc in primis, quae periit in ferculo -, olivae, betacei, cucurbitae, bulbi, alia mille non minus lauta. Audisses comoedos vel lectorem vel lyristen vel - quae mea liberalitas! - omnes. At tu apud nescio quem ostrea, vulvas, echinos, Gaditanas maluisti. Dabis poenas, non dico, quas. Dure fecisti: invidisti, nescio an tibi, certe mihi, sed tamen et tibi. Quantum nos lusissemus, risissemus, studuissemus! Potes apparatius cenare apud multos, nusquam hilarius, simplicius, incautius. In summa experire, et nisi postea te aliis potius excusaveris, mihi semper excusa. Vale.

heus: he! - prōmittis ad cēnam (tē ventūrum esse) - **as, assis** m: As (*kleinste römische Münze*) - **reddere ad assem:** bis zum letzten Cent zurückzahlen - **impendium:** Aufwand, Kosten - **lactūca:** Kopfsalat
cochlea: Schnecke - **ternī, ae, a:** je drei - **ōvum:** Ei - **bīnī, ae, a:** je zwei
(h)alica: Graupen (geschälte Getreidekörner) - **mulsum:** Honigwein
hanc (nivem) - **computāre:** berechnen - **ferculum:** Tablett - **olīva:** Olive - **bētāceus:** Mangoldwurzel
cucurbita: Kürbis - **bulbus:** Zwiebel
lautus: stattlich, ansehnlich
cōmoedus: komischer Schauspieler
lyristēs, ae m: Lautenspieler
lyristēn: griech. Akk. - **līberālitās, ātis** f: Freigebigkeit - **nesciō quis:** irgendjemand - **ostrea:** Muschel, Auster - **vulva:** Gebärmutter einer Sau (röm. Delikatesse) - **echīnus:** Seeigel - **Gādītāna:** Mädchen aus Gades (heute Cadis, Südspanien)
quās (poenās) - **dūrus** *hier:* gefühllos - **invidēre, -videō, -vīdī, -vīsum** (+ Dat.) *hier:* die Freude verderben
nesciō an: vielleicht - **lūdere, lūdō, lūsī, lūsum:** scherzen - **apparātus:** prächtig - **incautus:** sorglos - **in summā:** kurz - **experīrī:** versuchen; erproben

1. Beschreiben Sie die Rolle, in die Plinius in den Zeilen 2f. schlüpft. Erläutern Sie, wie diese zu seinem Lebenslauf (→ S. 40f.) passt.
2. Definieren Sie den Begriff Ironie und zeigen Sie auf, wo diese im Text deutlich wird.
3. Arbeiten Sie aus dem Catull-Text (→ M 1) das Ungewöhnliche der Einladung heraus.
4. Beschreiben Sie unter Einbezug von **i** den Typus von Gastmahlbesucher, den Martial (→ M 2) kritisiert.

5. Vergleichen Sie die Aussage der Texte von Plinius, Catull und Martial daraufhin, worin sie das Wesentliche eines gemeinsamen Essens sehen.
6. Überlegen Sie in Gruppen, worauf es Ihnen bei einer gemeinsamen Feier vor allem ankommt, und entwerfen Sie eine entsprechende Einladung dafür. Präsentieren Sie anschließend Ihre Ergebnisse.
7. Beschreiben Sie die im Cartoon dargestellte Situation und Mimik der Figuren und vergleichen Sie diese mit Catulls Gedicht (→ M 1).

M 1 Eine ungewöhnliche Einladung (Catull, *carm.* 13)

Gut wirst du bei mir speisen, mein Fabullus, in wenigen Tagen, wenn die Götter dir wohl gesonnen sind und wenn du mit dir ein gutes und reichliches Mahl bringst und ein prächtiges Mädchen und Wein und Witz und Gelächter. Wenn du das, sage ich, mitbringst, mein Bester, dann wirst du gut speisen. Denn das Geldsäckchen deines Catull ist voll von Spinnweben. Aber als Gegengabe wirst du reine Liebe erhalten oder etwas Angenehmeres und Eleganteres: Denn ich werde dir eine Salbe geben, die meinem Mädchen die Göttinnen und Götter der Liebe gegeben haben; wenn du die riechst, wirst du die Götter bitten, dass sie dich, Fabullus, ganz zu einer Nase machen.
(Übersetzung: S. Kliemt)

M 2 Echte Freunde? (Martial, *carm.* 9,14)

Glaubst du, dass der, den der Tisch, den dir das Essen zum Freund gemacht hat, dir in treuer Freundschaft zugetan ist? Er liebt den Eber, die Meerbarbe, das Saueuter und die Austern, nicht dich. Denn wenn man bei mir so gut äße, dann wäre er mein Freund.
(Übersetzung: S. Kliemt)

i Der Typus des Parasiten

Bei Parasiten (παράσιτος) handelte es sich im antiken Griechenland ursprünglich um geehrte Personen, die als Abgesandte ihrer Stadt an rituellen Götterspeisungen teilnahmen. In der griechischen Komödie erfuhr der Begriff des Parasiten eine Bedeutungsverschlechterung: Er vertrat die Rolle des armen Schluckers und ungebetenen Gastes, der sich beim Gastgeber durch lobende Worte einschmeichelte und sich so Zutritt zu Gastmählern verschaffte. Die römischen Komödiendichter Plautus und Terenz übernahmen den Typus des Schmarotzers als komische Figur.

3 Plinius als Kritiker der Massenvergnügungen

Was begeistert viele Menschen an Massenveranstaltungen? Diese Frage stellte schon Plinius (*ep.* 9,6).

nihil
mīrārī
repente
relinquere
collocāre
perdere

Relativsätze
Steigerung
Konjunktiv im Hauptsatz

6 C. Plinius Calvisio suo s.

Omne hoc tempus inter pugillares ac libellos iucundissima quiete transmisi. „Quemadmodum“, inquis, „in urbe potuisti?“ Circenses erant, quo genere spectaculi ne levissime quidem teneor. Nihil novum, nihil varium, nihil, quod non semel spectasse sufficiat. Quo magis miror tot milia virorum tam pueriliter identidem cupere currentes equos, insistentes curribus homines videre. Si tamen aut velocitate equorum aut hominum arte traherentur, esset ratio non nulla; nunc favent panno, pannum amant; et si in ipso cursu medioque certamine hic color illuc, ille huc transferatur, studium favorque transibit, et repente agitatores illos, equos illos, quos procul noscitant, quorum clamitant nomina, relinquent. Tanta gratia, tanta auctoritas in una vilissima tunica - mitto apud vulgus, quod vilius tunica, sed: apud quosdam graves homines! Quos ego cum recordor in re inani, frigida, assidua tam insatiabiliter desidere, capio aliquam voluptatem, quod hac voluptate non capior. Ac per hos dies libentissime otium meum in litteris colloco, quos alii otiosissimis occupationibus perdunt. Vale!

pugillārēs: LW2
quiēs: LW3 - **trānsmittere, -mittō, -mīsī, -missum** *hier:* (Zeit) verbringen - **quō genere spectāculī** ~ genus spectāculī, quō - **tenērī** ~ movērī - spectā(vi)sse - **sufficere, -ficiō, -fēcī, -fectum:** genügen - **quō magis:** umso mehr - **puerīlis, e:** kindisch - **identidem** Adv.: immer wieder - **īnsistere** (+ Dat.): stehen auf - **sī tamen:** wenn wenigstens
vēlōcitās, ātis f: Schnelligkeit
trahere *hier:* anlocken, anziehen
ratiō, ōnis f *hier:* vernünftiger Grund
pannus: Tuch, Trikot (des Wagenlenkers in der Farbe seines Rennstalls, z. B. die Roten, die Grünen) - **color, ōris** m: Farbe - **agitātor, ōris** m: Wagenlenker - **nōscitāre:** erkennen
clāmitāre: immer wieder rufen
vīlis: LW4 - **tunica:** Tunika, Trikot
mittō *hier:* ich lasse durchgehen
quod vīlius tunicā (Abl. compar.) (est) - **recordārī** (+ AcI): daran denken - **frīgidus:** LW1; *hier:* trivial, geistlos - **assiduus:** gewöhnlich, eintönig - **īnsatiābilis, e:** unersättlich - **dēsidēre:** herumsitzen, die Zeit verplempern - **collocāre in** (+ Abl.): verwenden auf - **ōtiōsus:** LW1; *hier:* überflüssig

1. Paraphrasieren Sie den Inhalt des Briefes, indem Sie vor allem darauf eingehen, wie Plinius die Zuschauer von Massenvergnügungen und den Sport an sich bewertet.
2. Vergleichen Sie Plinius' Urteil mit den Ausführungen Senecas (→ M). Ziehen Sie auch die Informationen aus **i** hinzu.
3. Diskutieren Sie, ob heute noch - getreu dem antiken Grundsatz: *panem et circenses* - sportliche Großveranstaltungen für politische Zwecke benutzt werden.
4. Erstellen Sie in Gruppenarbeit Collagen, die für bzw. gegen Auto- und Motorradrennen werben.

5. Stellen Sie die von Adjektiven abgeleiteten Adverbien zusammen und bilden Sie jeweils den Komparativ.
6. Stellen Sie aus dem Text Wörter zusammen, die im Deutschen als Fremdwörter weiterleben.

M Gefahrenherd Menschenmasse (Seneca, *ep. mor.* 7,1-3)

Was du vor allem meiden sollst, fragst du? Das Menschengewühl. [...] Gewiss, je größer die Volksmasse, unter die wir uns mischen, desto größer ist auch die Gefahr. Nichts aber ist so schädlich für die guten Sitten, als in irgendeinem Schauspiel herumzusitzen; denn dann beschleichen uns unter dem Ergötzen die Laster umso leichter. Was glaubst du, will ich dir sagen? Ich kehre gieriger heim, gereizter, wolllüstiger, ja sogar grausamer und unmenschlicher, weil ich unter Menschen war. (Übersetzung: S. Kliemt)

i Wagenrennen

Wagenrennen im Circus Maximus, der unterhalb des Palatinhügels gelegenen Rennbahn in Rom, gehörten so wie die Gladiatorenspiele zu den beliebtesten Formen der Massenunterhaltung. Die Veranstaltung im Circus begann mit einem Festzug (*pompa*), bei dem Götterbilder durch das Stadion getragen wurden. Bei den anschließenden Wettkämpfen mussten die Viergespanne den etwa 8,5 km langen Parcours siebenmal rund um die Mittelbarriere (*spina*) durchlaufen, wobei herabnehmbare Delfine aus Marmor als Rundenanzeiger dienten. Da die Wagenlenker fürstliche Gagen erhielten und die Preisgelder für den Gewinner sehr hoch waren (die Stars waren mehrfache Millionäre), scheuten die Fahrer kaum ein Risiko, sodass Karambolagen, Unfälle, schlimme Verletzungen und auch Todesstürze keine Seltenheit waren.
Die konkurrierenden Rennställe unterschieden sich durch die Farben der Trikots: Es gab das weiße, rote, grüne und blaue Team. Die Zuschauer feuerten die Fahrer fanatisch an und identifizierten sich leidenschaftlich mit „ihrer" Mannschaft – vergleichbar manchen heutigen Fußball-Fans, für die der Verein zur zweiten Heimat geworden ist. Zusätzlich aufgeheizt wurde die Stimmung dadurch, dass vorher viele Wetten abgeschlossen worden waren. Die Atmosphäre im Circus glich einem Hexenkessel.

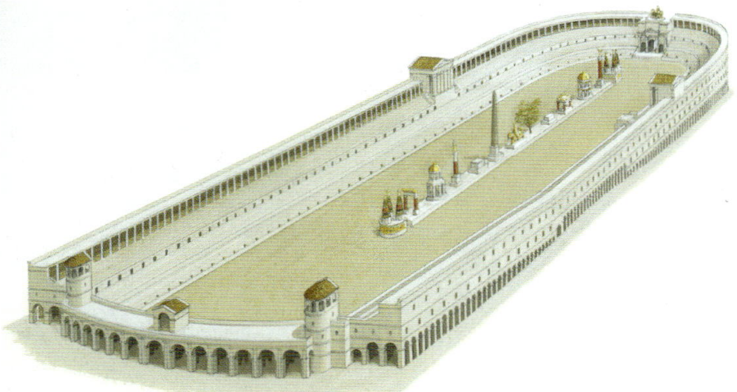

Circus Maximus, Rekonstruktion

4 Plinius als Zeitzeuge

4.1 Der Ausbruch des Vesuvs

Der Vesuvausbruch 79 n. Chr. gilt als eine der größten Katastrophen der Antike. Plinius war zufällig vor Ort. Sein an den Geschichtsschreiber Tacitus gerichteter Briefbericht über dieses Ereignis ist ein einzigartiges Zeitzeugnis (*ep.* 6,16,1-12).

W scrībere, prōpōnere, hōra, cinis, nāvis, ventus

G Partizip Futur, Gerundivum, Abl. absolutus

7 C. Plinius Tacito suo s.

Petis, ut tibi avunculi mei exitum scribam, quo verius tradere posteris possis. Gratias ago; nam video morti eius, si celebretur a te, immortalem gloriam esse propositam. Quamvis enim pulcherrimarum clade terrarum, ut populi, ut urbes memorabili casu, quasi semper victurus occiderit, quamvis ipse plurima opera et mansura condiderit, multum tamen perpetuitati eius scriptorum tuorum aeternitas addet. Equidem beatos puto, quibus deorum munere datum est aut facere scribenda aut scribere legenda, beatissimos vero, quibus utrumque. Horum in numero avunculus meus et suis libris et tuis erit. Quo libentius suscipio, deposco etiam, quod iniungis.

Erat Miseni classemque imperio praesens regebat. Nonum Kal. Septembres hora fere septima mater mea indicat ei apparere nubem inusitata et magnitudine et specie. Usus ille sole, mox frigida, gustaverat iacens studebatque; poscit soleas, ascendit locum, ex quo maxime miraculum illud conspici poterat. Nubes – incertum procul intuentibus, ex quo monte (Vesuvium fuisse postea cognitum est) – oriebatur, cuius similitudinem et formam non alia magis arbor quam pinus expresserit. Nam longissimo velut trunco elata in altum quibusdam ramis diffundebatur, credo, quia recenti spiritu evecta, dein senescente eo destituta aut etiam pondere suo victa in latitudinem vanescebat, candida interdum, interdum sordida et maculosa prout terram cineremve sustulerat. Magnum propiusque noscendum ut eruditissimo viro visum. Iubet liburnicam aptari; mihi, si venire una vellem, facit copiam; respondi studere me malle, et forte ipse, quod scriberem, dederat. Egrediebatur domo; accipit codicillos Rectinae Tasci imminenti periculo exterritae – nam villa eius subiacebat nec ulla nisi navibus fuga. Ut se tanto discrimini

Tacitus → i
avunculus: Onkel (mütterlicherseits) ~ Plinius der Ältere → i
quō ~ ut eō – **clādēs, is** f *hier:* Untergang – **clādē:** Abl. temp. – **terrae, ārum** f Pl. *hier:* Landschaft – **ut:** wie – **memorābilis, e:** denkwürdig
cāsus, ūs m *hier:* Naturkatastrophe – **vīctūrus:** PFA von vīvere – **et** *hier:* und zwar – **condere, -dō, -didī, -ditum** *hier:* verfassen – **perpetuitās, ātis** f: Fortdauer, Unvergänglichkeit
putō (eōs), quibus – beātissimōs vērō (eōs), quibus – utrumque (datum est) – **quō** ~ ut eō
dēposcere: dringend verlangen
iniungere *hier:* zur Aufgabe machen
Mīsēnī: Lokativ – **imperiō regere:** kommandieren – **nōnum Kal. Septembrēs:** gemeint ist der 24. August – **hōra septima:** 13 Uhr
inūsitātus: ungewöhnlich
ūtī sole: ein Sonnenbad nehmen
frīgidus: LW1 – **(ūtī) frīgidā (aquā):** ein Kaltbad nehmen – **solea:** Sandale – **ascendere:** LW2
incertum (erat) – **pīnus, ūs** f: Pinie
exprimere, -primō, -pressī, -pressum: anschaulich beschreiben
truncus: Stamm – (nūbēs) ēlāta
rāmus: Zweig – **diffundī:** sich ausbreiten – **ēvehere, -vehō, -vēxī, -vectum:** emporheben – (nūbēs) ēvecta
dein: dann – **senēscere:** schwächer werden – senēscente eō (spīritū)
dēstituere, -stituō, -stituī, -stitūtum *hier:* den Auftrieb verlieren – (nūbēs) dēstitūta – **lātitūdō, inis** f → lātus
vānēscere: sich verflüchtigen
candidus: weiß – (nūbēs) candida
interdum: LW2 – **sordidus:** LW4
maculōsus: fleckig – **prout:** je nachdem, ob – **ērudītus:** LW1 – vīsum (est) – **liburnica:** schnelles Ruderschiff – **aptāre** *hier:* seeklar machen

eriperet, orabat. Vertit ille consilium et, quod studioso animo incohaverat, obit maximo. Deducit quadriremes, ascendit ipse non Rectinae modo, sed multis – erat enim frequens amoenitas orae – laturus auxilium. Properat illuc, unde alii fugiunt, rectumque cursum, recta gubernacula in periculum tenet adeo solutus metu, ut omnes illius mali motus, omnes figuras, ut deprenderat oculis, dictaret enotaretque. Iam navibus cinis incidebat, quo propius accederent, calidior et densior; iam pumices etiam nigrique et ambusti et fracti igne lapides; iam vadum subitum ruināque montis litora obstantia. Cunctatus paulum an retro flecteret, mox gubernatori, ut ita faceret, monenti „Fortes“, inquit, „fortuna iuvat: Pomponianum pete.“ Stabiis erat diremptus sinu medio – nam sensim circumactis curvatisque litoribus mare infunditur; ibi – quamquam nondum periculo appropinquante, conspicuo tamen et, cum cresceret, proximo – sarcinas contulerat in naves, certus fugae, si contrarius ventus resedisset. Quo tunc avunculus meus secundissimo invectus, complectitur trepidantem, consolatur, hortatur, utque timorem eius sua securitate leniret, deferri in balineum iubet; lotus accubat, cenat, aut hilaris aut, quod aeque magnum, similis hilari.

cōpiam facere: die Möglichkeit bieten – **scrīberem:** final
codicillī, ōrum m Pl.: Brief
imminēns, entis: drohend bevorstehend – **exterritus** (+ Abl.): sehr erschreckt durch – **subiacēre:** am Fuß (des Vesuvs) liegen – fuga (erat)
studiōsus: wissbegierig – **incohāre:** anfangen – **obīre:** ausführen – maximō (animō) – **maximus animus:** Edelmut, Tapferkeit – **dēdūcere** *hier:* auslaufen lassen – **quadrirēmis, is** f: Vierruderer – **ascendere:** LW2
frequēns *hier:* dicht besiedelt
amoenitās, ātis f: reizvolle Lage
gubernāculum: Steuerruder
mōtus, ūs m *hier:* Phase – **figūra:** Erscheinung – **dēprēndere:** erfassen – **dictāre:** LW1 – **ēnotāre:** aufzeichnen lassen – **incidere:** LW4 – **quō** (+ Komp.): je – **calidus:** warm – **dēnsus:** dicht – **ambustus:** ringsum verbrannt – **lapis, idis** m: Stein – **vadum:** Untiefe, seichte Stelle – **subitus:** plötzlich – **ruīna:** Einsturz – **obstāre** *hier:* versperren
retrō flectere (nāvem): umkehren
gubernātor, ōris m: Steuermann
dirimere, -imō, -ēmī, -ēmptum: trennen – **sinus medius:** eine dazwischenliegende Bucht – **nam … īnfunditur:** denn das Meer strömt in eine kaum merklich gekrümmte Küstenlinie – **appropinquāre:** sich nähern – **sarcina:** Gepäck
certus (+ Gen.): entschlossen zu
contrārius: entgegengesetzt – **quō:** dorthin – secundissimō (ventō)
resīdere, -sideō, -sēdī: sich legen
invehī, -vehor, -vectus sum: hinfahren – **complectī:** umarmen
trepidāre: ängstlich sein – **sēcūritās, ātis** f: Ruhe, Unbesorgtheit – **lēnīre:** besänftigen – **dēferre** *hier:* geleiten
balineum: Bad – **lōtus** = lautus
accubāre: bei Tisch liegen – **hilaris:** LW5 – (id), quod aequē māgnum (est)

1. Erstellen Sie eine Satzanalyse von Z. 5–9 und Z. 22–27 (→ S. 48).
2. Arbeiten Sie anhand der Zeilen 1–13 heraus, welche Aufgabe Plinius der Geschichtsschreibung zuweist.
3. Informieren Sie sich in einem Lexikon ausführlich über den Begriff *gloria*. Erklären Sie, welche bedeutende Rolle dieser Begriff im vorliegenden Brief spielt.
4. a) Stellen Sie in Partnerarbeit zusammen, wie Plinius' Onkel dargestellt wird. Zitieren Sie lateinisch.
   b) Überprüfen Sie, ob er dem Ideal des stoischen Weisen entspricht (→ i).
5. Vollziehen Sie die Fahrtroute des Plinius anhand des Textes (Z. 36–50) und der Karte (→ Umschlag) nach.
6. Beschreiben Sie die auf der Abbildung dargestellte Szene und ordnen Sie diese der passenden Textstelle zu.

i Tacitus

Tacitus (1./2. Jh. n. Chr.), Zeitgenosse und Freund des Plinius, gilt als der bedeutendste römische Historiker. Er stellt in seinen Werken *Annales* und *Historiae*, die nicht vollständig erhalten sind, die Geschichte des Prinzipats des 1. Jhs. n. Chr. dar. Auch wenn er das Gebot der Objektivität für das Schreiben von Geschichte mustergültig formuliert (*sine ira et studio*), lässt sein Werk eine kritische Einstellung zum Prinzipat erkennen, für die v.a. das Erlebnis der Tyrannenherrschaft Domitians (→ S. 5) prägend war.

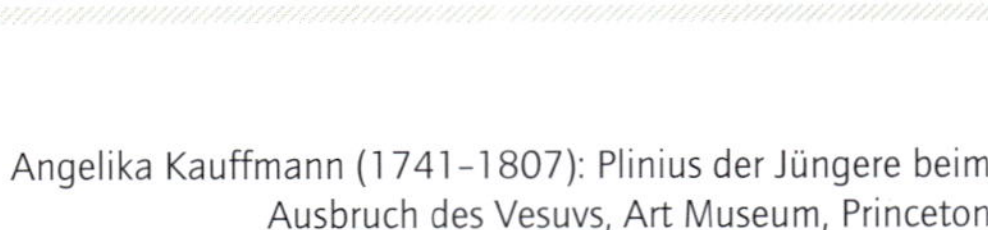

Angelika Kauffmann (1741-1807): Plinius der Jüngere beim Ausbruch des Vesuvs, Art Museum, Princeton

i Plinius der Ältere

Plinius der Ältere (1. Jh. n. Chr.), der Onkel des Briefschreibers, stammte aus Comum in Oberitalien, wurde aber in Rom ausgebildet. Sein Kriegsdienst führte ihn u.a. nach Germanien. Den späteren Kaiser Titus lernte er beim Militär kennen und war ihm in Freundschaft verbunden. Nach seinem Militärdienst wirkte er eine Zeitlang als Anwalt, zog sich aber im Alter von 35 Jahren aus der Politik zurück und widmete sich seinen Studien, denen wir eine enzyklopädische Naturkunde (*naturalis historia*) zu verdanken haben. Unter den flavischen Kaisern Titus und Vespasian fungierte er als politischer Berater der Kaiser. 76 n. Chr. wurde er Flottenpräfekt in Misenum. In Ausübung seiner Pflicht starb er beim Vesuvausbruch 79 n. Chr.

i Stoischer Weiser

Eine für die römische Gesellschaft bedeutende griechische Philosophenschule ist die Stoa. Der Stoiker sieht es als höchstes Lebensziel an, sein Leben gemäß der *ratio* (Vernunft) zu führen und allen Herausforderungen des Schicksals gleichmütig zu begegnen. Seelische Unerschütterlichkeit („stoische Ruhe") wird so zum Kennzeichen des stoischen Weisen (*sapiens*). Der Stoiker sieht die politische Betätigung als eine Pflicht, da der Mensch erst durch den Einsatz für die Gemeinschaft zu vollendeter Tugend (*virtus*) gelangen könne.

4.2 Der Tod des Onkels

Nun wendet sich die Blickrichtung hin zum Vesuv (*ep.* 6,16,13-21).

interim
tenebrae
miscēre

crēber
ratiō
finis

G
Relativsätze
Participium coniunctum
Komparativ

8 Interim e Vesuvio monte pluribus locis latissimae flammae altaque incendia relucebant, quorum fulgor et claritas tenebris noctis excitabatur. Ille agrestium trepidatione ignes relictos desertasque villas per solitudinem ardere in remedium formidinis dictitabat. Tum se quieti dedit et quievit verissimo quidem somno; nam meatus animae, qui illi propter amplitudinem corporis gravior et sonantior erat, ab iis, qui limini obversabantur, audiebatur. Sed area, ex qua diaeta adibatur, ita iam cinere mixtisque pumicibus oppleta surrexerat, ut, si longior in cubiculo mora, exitus negaretur. Excitatus procedit seque Pomponiano ceterisque, qui pervigilaverant, reddit. In commune consultant, intra tecta subsistant an in aperto vagentur. Nam crebris vastisque tremoribus tecta nutabant et quasi emota sedibus suis nunc huc, nunc illuc abire aut referri videbantur. Sub divo rursus quamquam levium exesorumque pumicum casus metuebatur, quod tamen periculorum collatio elegit; et apud illum quidem ratio rationem, apud alios timorem timor vicit. Cervicalia capitibus imposita linteis constringunt; id munimentum adversus incidentia fuit. Iam dies alibi, illic nox omnibus noctibus nigrior densiorque; quam tamen faces multae variaque lumina solvebant. Placuit egredi in litus et ex proximo adspicere, ecquid iam mare admitteret; quod adhuc vastum et adversum permanebat. Ibi super abiectum linteum recubans semel atque iterum frigidam aquam poposcit hausitque. Deinde flammae flammarumque praenuntius odor sulpuris alios in fugam vertunt, excitant illum. Innitens servolis duobus assurrexit et statim concidit, ut ego colligo, crassiore caligine spiritu obstructo clausoque stomacho, qui illi natura invalidus et angustus et frequenter aestuans erat. Ubi dies redditus – is ab eo, quem novissime viderat, tertius –, corpus inventum, integrum illaesum opertumque, ut fuerat indutus: habitus corporis quiescenti quam defuncto similior.

relūcēre: aufleuchten – **fulgor, ōris** m: Glanz, das Strahlen – **clāritās, ātis** f → clārus – **excitāre** *hier:* vergrößern – **agrestis, is** m: Bauer **trepidātiō, ōnis** f: Angst – **sōlitūdō:** LW3 – **remedium formīdinis:** als Mittel gegen die Angst – **dictitāre:** immer wieder sagen – **quiēs:** LW3 **meātus animae:** Ein- und Ausatmen **amplitūdō, inis** f *hier:* Fülle **sonāns, ntis:** geräuschvoll **obversārī** (+ Dat.): verweilen vor **ārea:** Hof (gemeint ist das Impluvium) – **diaeta:** Wohnraum – **pūmex:** LW7 – **opplēta surrēxerat:** lag hoch bedeckt – mora (esset) – **exitus:** LW7 **sē reddere** (+ Dat.): zurückkehren zu **pervigilāre:** wach bleiben **cōnsultāre (utrum) ... an:** beraten, ob ... oder – **subsistere:** bleiben **nūtāre:** schwanken – **ēmovēre, -moveō, -mōvī, -mōtum:** wegreißen, entfernen – **sēdēs, is** f *hier:* Fundament – **dīvum** *hier:* freier Himmel **exēsus:** ausgeglüht – **pūmex:** LW7 **cāsūs:** LW7 – **collātiō, ōnis** f: Vergleich – **ēligere:** LW4 – **cervīcal, is** n: Kopfkissen – **linteum:** Leinentuch – **cōnstringere:** festbinden **mūnīmentum:** Schutz – **incidere:** LW4 – diēs (erat) – **alibī** Adv.: anderswo – nox (erat) – **omnibus noctibus:** Abl. comp. – **niger:** LW7 – **dēnsus:** dicht – **fax, facis** f: Fackel – **solvere** *hier:* erhellen **ecquid:** was denn – **adversus** *hier:* feindlich – **abicere, -iciō, -iēcī, -iectum** *hier:* ausbreiten – **recubāre:** auf dem Rücken liegen – **semel:** LW6 – **frīgidus:** LW1 – **haurīre, hauriō, hausī:** (hinunter)schlucken **praenūntius:** Vorbote – **odor, ōris** m: Geruch – **sulpur, uris** n: Schwefel **innītī:** sich stützen auf – **servolus:** junger Sklave – **assurgere, -surgō, -surrēxī, -surrēctum:** sich erheben

Interim Miseni ego et mater – sed nihil ad historiam, nec tu aliud quam de exitu eius scire voluisti. Finem ergo faciam. Unum adiciam: omnia me, quibus interfueram quaeque statim, cum maxime vera memorantur, audieram, persecutum. Tu potissima excerpes; aliud est enim epistulam, aliud historiam, aliud amico, aliud omnibus scribere. Vale!

concidere: zusammenbrechen
colligere *hier:* vermuten – **cālīgō crassa:** dichter Qualm – **spīritum obstruere, -struō, -strūxī, -strūctum:** den Atem nehmen – **stomachus** *hier:* Luftröhre – **invalidus:** schwach
aestuāre: trocken sein – **redditus (est)** ~ rediit – **novissimē:** zuletzt inventum (est) – **illaesus:** unverletzt
induere, -duī, -dūtum: anziehen
habitus, ūs m: Aussehen – **defungī, -fungor, -fūnctus sum:** sterben
similior (erat) – ego et māter (erāmus) – ad historiam (pertinet)
exitus: LW7 – **statim** *hier:* an Ort und Stelle – **cum ... memorantur:** also wenn sie (*omnia*) als am meisten wahr erinnert werden
persequī, -sequor, -secūtus sum *hier:* niederschreiben – persecūtum (esse) – **potissimus:** der wichtigste
excerpere: auswählen

1. Gliedern Sie den Text durch Zwischenüberschriften und erklären Sie die Wahl der Tempora.
2. Diskutieren Sie, ob sich Plinius bei der Beschreibung seines Onkels an das für die Geschichtsschreibung geltende Objektivitätsgebot (→ i „Tacitus", S. 20) hält. Beziehen Sie in Ihre Überlegungen die Z. 39f. mit ein.
3. Belegen Sie anhand der Abbildungen, dass der Vesuvausbruch die Menschen vollkommen überraschend traf und seine Auswirkung unterschätzt wurde.
4. Recherchieren Sie ausgehend von **i** im Internet oder anderen geeigneten Quellen, weshalb Pompeji bis heute ein Touristenmagnet geblieben ist.
5. Stellen Sie alle Relativsätze zusammen und unterscheiden Sie diese von relativen Satzanschlüssen.

i Pompeji

Pompeji kam 290 v. Chr. unter römische Herrschaft. Seit dem 1. Jh. v. Chr. entwickelte sich Pompeji zu einer wohlhabenden Landstadt, in der reiche Römer (z. B. Cicero) einen Landsitz besaßen. 63 n. Chr. erschütterte ein schweres Erdbeben die Stadt. Man hatte den Wiederaufbau noch nicht ganz abgeschlossen, als am 24. August 79 n. Chr. der Vesuvausbruch die Stadt unter einer 6 Meter hohen Asche- und Steinschicht begrub. Ab dem 18. Jh. begann man mit Ausgrabungen der Stadt.

Pompeji, Opfer des Vesuvausbruchs, Gipsabgüsse der Hohlräume unter der Lavaschicht, Museo Archeologico Nazionale, Neapel

4.3 Ein antiker Augenzeugenbericht

Tacitus bat Plinius seine eigenen Eindrücke vom Vesuvausbruch festzuhalten. Plinius kommt diesem Wunsch gerne nach (*ep.* 6,20,14–20).

W			G
precārī ruere gemitus	solēre exigere dīgnus		NcI, Abl. absolutus Relativsätze mit konsekutivem Nebensinn

9 C. Plinius Tacito suo s.

Audires ululatus feminarum, infantum quiritatus, clamores virorum; alii parentes, alii liberos, alii coniuges vocibus requirebant, vocibus noscitabant; hi suum casum, illi suorum miserabantur; erant, qui metu mortis mortem precarentur; multi ad deos manus tollere, plures nusquam iam deos ullos aeternamque illam et novissimam noctem mundo interpretabantur. Nec defuerunt, qui fictis mentitisque terroribus vera pericula augerent. Aderant, qui Miseni illud ruisse, illud ardere falso, sed credentibus nuntiabant. Paulum reluxit, quod non dies nobis, sed adventantis ignis indicium videbatur. Et ignis quidem longius substitit; tenebrae rursus, cinis rursus, multus et gravis. Hunc identidem assurgentes excutiebamus; operti alioqui atque etiam oblisi pondere essemus. Possem gloriari non gemitum mihi, non vocem parum fortem in tantis periculis excidisse, nisi me cum omnibus, omnia mecum perire misero, magno tamen mortalitatis solacio credidissem.

Tandem illa caligo tenuata quasi in fumum nebulamve discessit; mox dies verus; sol etiam effulsit, luridus tamen, qualis esse, cum deficit, solet. Occursabant trepidantibus adhuc oculis mutata omnia altoque cinere tamquam nive obducta. Regressi Misenum curatis utcumque corporibus suspensam dubiamque noctem spe ac metu exegimus. Metus praevalebat; nam et tremor terrae perseverabat et plerique lymphati terrificis vaticinationibus et sua et aliena mala ludificabantur. Nobis tamen ne tunc quidem, quamquam et expertis periculum et exspectantibus, abeundi consilium, donec de avunculo nuntius.

Haec nequaquam historiā digna non scripturus leges et tibi scilicet, qui requisisti, imputabis, si digna ne epistulā quidem videbuntur. Vale!

Tacitus → i, S. 20
audīrēs: du hättest hören können
ululātus, ūs m: Geheul, Gejammer
quirītātus, ūs m: Gekreische
vōcibus requīrere: mit Rufen suchen nach – **nōscitāre:** zu erkennen versuchen – **cāsūs:** LW7 (cāsum) suōrum – **tollere:** hist. Infinitiv – **nusquam:** LW5 – deōs ullōs (esse) illam et novissimam noctem (esse) – **mentītus:** erlogen
crēdentibus: Dat. – **relūcēscere, -lūcēscō, -lūxī:** wieder hell werden (id), quod – **adventāre:** herankommen – **longius subsistere, -sistō, -stitī:** ziemlich weit entfernt Halt machen – hunc (cinerem) – **identidem** Adv.: immer wieder – **assurgere:** sich aufrichten – **excutere:** abschütteln – **operīre:** LW8 – **aliōquī** Adv.: sonst – **oblīdere, -līdō, -līsī, -līsum:** erdrücken – **pondus:** LW7
K. nisī crēdidissem me cum omnibus (periri), omnia mēcum perīre – **excidere, -cidō, -cidī** *hier:* entfahren
sōlācium mortālitātis: der Trost, dass alle sterben müssen – **cālīgō:** LW8 – **tenuāre:** verdünnen
fūmus: Qualm – **in fūmum discēdere:** sich in Rauch auflösen
effulgēre, -fulgeō, -fulsī: hervorschimmern – **lūridus:** fahl – **dēficere** *hier:* verfinstern – **occursāre:** sich darbieten – **trepidāre:** zittern – **nix:** LW5 – **obdūcere, -dūcō, -dūxī, -ductum:** überdecken – **utcumque:** wie auch immer, notdürftig – **suspēnsa ... nox:** eine Nacht voller Ungewissheit und Zweifel – **suspēnsus:** gespannt, angstvoll – **praevalēre:** stärker sein – **tremor:** LW8
persevērāre: andauern – **lymphātus:** wahnsinnig (prādikat.) – **terrificus:** Schrecken erregend – **vāticinātiō, ōnis** f: Weissagung – **lūdificārī:** verspotten – cōnsilium (fuit) – **dōnec:** bis – nūntius (venit) – **imputāre:** anschreiben, zuschreiben

1. Beschreiben Sie die unterschiedlichen Reaktionen auf den Vulkanausbruch.
2. Vergleichen Sie diese mit dem Verhalten des älteren Plinius (→ Texte 7 und 8).
3. Zeigen Sie auf, wie die stilistische Gestaltung den Inhalt unterstützt (→ GW, S. 42f.).
4. Diskutieren Sie im Plenum, ob Brüllows Gemälde die bei Plinius geschilderte Atmosphäre der Panik einfängt.
5. Vergleichen Sie die Darstellung des Plinius (→ Texte 7–9) mit den naturwissenschaftlichen Erklärungen eines Vulkanausbruchs (→ **i**, S. 25).
6. Recherchieren Sie ausgehend von **i** (S. 25) die Begriffe „pyroklastische Ströme" und „plinianische Eruption" und ordnen Sie diese einer passenden Textstelle in den Texten 7–9 zu.
7. Verfassen Sie ausgehend von den Pliniusbriefen ein Drehbuch, mit dem man den Vesuvausbruch verfilmen könnte.
8. Informieren Sie sich ausgehend von **M** (S. 25) über das Erdbeben von Lissabon und weitere folgenschwere Naturkatastrophen (z. B. den Tsunami am 26.12.2004 im Indischen Ozean) und präsentieren Sie Ihre Ergebnisse in einem Kurzreferat.

Karl Brüllow (1799–1852): Der letzte Tag von Pompeji, Russisches Museum, St. Petersburg

i Vulkanausbruch

Bei einem Vulkanausbruch drücken zunächst große Mengen magmatischer Gase auf den sog. Schlotpfropfen, bis dieser birst und in Bruchstücken aus dem Krater geschleudert wird – gefolgt von einer gewaltigen Menge an Bimssteinen und Asche, die als kilometerhohe Säule in den Himmel schießt und sich allmählich verbreitert. Dann regnet sie über ein Gebiet von bis zu 70 km im Umkreis herab und bedeckt den Boden mit einer Höhe von bis zu drei Metern. Wenn die Gaseruption nachlässt, steigt heißes Magma, geschmolzenes Gestein, aus dem Erdinneren zum Vulkankrater und fließt als glühende Lava in Strömen den Berg hinab.

Besonders gefährlich sind die gespenstisch stillen, aber schnellen Glutlawinen, sog. pyroklastische Ströme. Dabei rast ein ca. 800 Grad heißes Gemisch aus Lava, Asche und Gesteinsbrocken mit bis zu 500 km pro Stunde den Hang hinab, das alles, was auf seinem Weg liegt, unter sich begräbt.

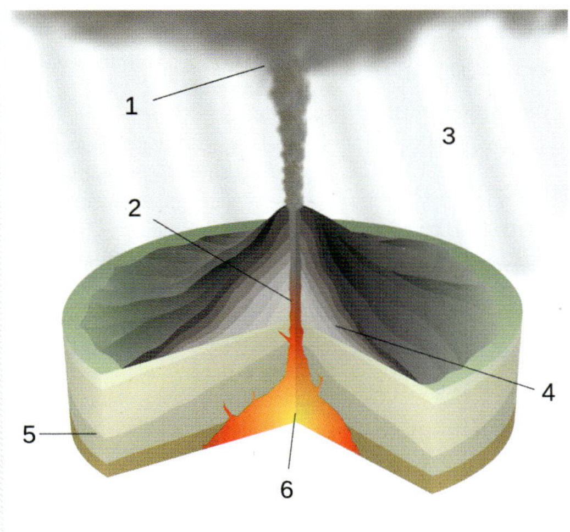

Sog. Plinianische Eruption

1. Aschewolke
2. Vulkanschlot
3. Aschenfall
4. Aschen- und Lavaschichten
5. Geologische Schichten
6. Magmakammer

M Das Erdbeben von Lissabon

Am ersten November 1755 ereignete sich das Erdbeben von Lissabon, und verbreitete über die in Frieden und Ruhe schon eingewohnte Welt einen ungeheuren Schrecken. Eine große prächtige Residenz, zugleich Handels- und Hafenstadt, wird ungewarnt von dem furchtbarsten Unglück betroffen. Die Erde bebt und schwankt, das Meer braust auf, die Schiffe schlagen zusammen, die Häuser stürzen ein, Kirchen und Türme darüber her, der königliche Palast zum Teil wird vom Meere verschlungen, die geborstene Erde scheint Flammen zu speien: denn überall meldet sich Rauch und Brand in den Ruinen. Sechzigtausend Menschen, einen Augenblick zuvor noch ruhig und behaglich, gehen mit einander zugrunde, und der glücklichste darunter ist der zu nennen, dem keine Empfindung, keine Besinnung über das Unglück mehr gestattet ist. Die Flammen wüten fort, und mit ihnen wütet eine Schar sonst verborgener, aber durch dieses Ereignis in Freiheit gesetzter Verbrecher. Die unglücklichen Übriggebliebenen sind dem Raube, dem Morde, allen Misshandlungen bloßgestellt; und so behauptet von allen Seiten die Natur ihre schrankenlose Willkür. [...]

(Johann Wolfgang Goethe, Dichtung und Wahrheit, 1. Buch)

5 Plinius als berühmter Schriftsteller

Auch wenn Plinius hauptamtlich ein hoch anerkannter Richter war, bedeutete ihm sein Ruhm als bekannter Autor noch mehr (*ep.* 9,23).

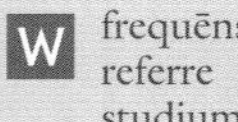

frequēns
referre
studium
littera
gaudēre
verērī

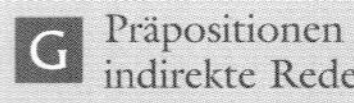

Präpositionen
indirekte Rede

10 C. Plinius Maximo suo s.

Frequenter agenti mihi evenit, ut centumviri, cum diu se intra iudicum auctoritatem gravitatemque tenuissent, omnes repente quasi victi coactique consurgerent laudarentque; frequenter e senatu famam, qualem maxime optaveram, rettuli: numquam tamen maiorem cepi voluptatem, quam nuper ex sermone Corneli Taciti. Narrabat sedisse secum circensibus proximis equitem Romanum. Hunc post varios eruditosque sermones requisisse: „Italicus es an provincialis?“ Se respondisse: „Nosti me, et quidem ex studiis.“ Ad hoc illum: „Tacitus es an Plinius?“ Exprimere non possum, quam sit iucundum mihi, quod nomina nostra quasi litterarum propria, non hominum, litteris redduntur, quod uterque nostrum his etiam e studiis notus, quibus aliter ignotus est.

Accidit aliud ante pauculos dies simile. Recumbebat mecum vir egregius, Fadius Rufinus, super eum municeps ipsius, qui illo die primum venerat in urbem; cui Rufinus demonstrans me: „Vides hunc?“ Multa deinde de studiis nostris; et ille „Plinius est“ inquit. Verum fatebor, capio magnum laboris mei fructum. An si Demosthenes iure laetatus est, quod illum anus Attica ita noscitavit: „Οὗτός ἐστι Δημοσθένης“, celebritate nominis mei gaudere non debeo? Ego vero et gaudeo et gaudere me dico. Neque enim vereor, ne iactantior videar, cum de me aliorum iudicium, non meum profero, praesertim apud te, qui nec ullius invides laudibus et faves nostris. Vale.

agere (causam): eine Gerichtsrede halten – **centumvirī, ōrum** m Pl.: die Hundertmänner → i – **sē tenēre intrā auctōritātem gravitātemque:** (+ Akk.): sich innerhalb der Grenzen der würdevollen Autorität bewegen
laudārent (mē)
Cornēlius Tacitus → i, S. 20
circēnsēs: LW6 – **proximus** *hier:* der letzte – **ērudītus:** LW1
requīsī(vi)sse
prōvinciālis, is m: Provinzbewohner
nō(vi)sti – **studia** *hier:* literarisches Schaffen – illum (quaesīvisse)
exprimere: wiedergeben – **quasi litterārum propria, nōn hominum:** gewissermaßen wie Markenzeichen der gelehrten Welt, nicht der Alltagswelt – **litteris reddī** *hier:* Eingang in die Literatur finden
pauculus: sehr wenig – **recumbere:** bei Tisch liegen – **Fadius Rūfīnus:** Freund des Plinius – **super eum** *hier:* neben ihm – **mūniceps, cipis** m: Bewohner einer Landstadt, *hier:* Mitbürger – multa (nārrāvit) – **frūctum capere** (+ Gen.): Nutzen ziehen aus – **Dēmosthenēs, is** → i – **anus, ūs** f: alte Frau – **Atticus:** attisch, athenisch – **nōscitāre:** wiedererkennen – Οὗτός ἐστι Δημοσθένης: das ist Demosthenes
iactāns, antis: prahlerisch
prōferre *hier:* erwähnen
favēre: LW6 – nostrīs (laudibus)

1. Stellen Sie aus dem Text Wörter zusammen, die in den romanischen Sprachen weiterleben.
2. Arbeiten Sie in Partnerarbeit heraus, wie Plinius sich selbst und Tacitus sieht.
3. Zeigen Sie auf, wie die stilistische Ausgestaltung den Inhalt unterstützt (→ GW, S. 42f.).
4. Beschreiben Sie, welche Charakterzüge Sie aus Plinius' Worten ableiten können.
5. Erschließen Sie, welche Absicht Plinius verfolgt, wenn er sich direkt mit Demosthenes (→ i) vergleicht.
6. Informieren Sie sich, warum u.a. eine Darstellung des Tacitus das Wiener Parlamentsgebäude schmückt (→ Abb.).
7. Gesetzt den Fall, Sie sollten den Berliner Reichstag mit Skulpturen zieren: Begründen Sie, für welche Persönlichkeiten Sie sich entscheiden würden.

Tacitusstatue am Wiener Parlament

i *Centumviri*

Die *centumviri* (Hundertmänner) waren ein römisches Richterkollegium, das im Namen des Volkes in Zivilprozessen (vor allem in Eigentums- und Erbschaftsprozessen, deren Streitwert höher war und die deswegen von allgemeinem Interesse waren) Recht sprach. Die Mitglieder wurden ursprünglich nach Tribus (Abteilungen der römischen Bürgerschaft) gewählt, je drei aus einer Tribus, also aus den 35 Tribus 105. In der Kaiserzeit stieg die Zahl bis auf 180 an. Die *centumviri* tagten zur Zeit des Plinius in vier Kammern (*consilia*). Ort der Rechtsprechungen war zuerst das Forum, zur Kaiserzeit eine Basilika. In der Kaiserzeit waren die Gerichtsverfahren stärker besucht als zur republikanischen Zeit, weil die Redner fast nur hier Gelegenheit hatten, ihre Beredsamkeit und Rechtsgelehrtheit zu zeigen. Das Amt der *centumviri* bestand bis ins 3. Jh. n. Chr.

i Demosthenes

Bei Demosthenes (384–322 v. Chr.) handelt es sich um den bedeutendsten Redner des antiken Griechenland, vergleichbar nur mit Ciceros Rang in Rom. Demosthenes war nach seinen Reden gegen den Makedonenkönig Philipp II., den Vater Alexanders des Großen, zu einer Berühmtheit und zu einem wichtigen und einflussreichen Staatsmann in Athen aufgestiegen.

6 Plinius als Statthalter und Repräsentant der Macht Roms

6.1 Verhör möglicher Staatsfeinde

Als Plinius Statthalter der Provinz Bithynien war, stellte sich ihm die Frage, wie er mit den Christen umgehen sollte. Da er sich nicht sicher war, ob sie als harmlos einzustufen waren oder als staatsgefährdend verfolgt werden sollten, wandte er sich an Kaiser Trajan (*ep.* 10,96,1-6).

W		G
īnstruere quaerere differre	omnīnō flāgitium cōnfitērī	Gerundivum Deklinationen abhängiger Fragesatz

11 C. Plinius Traiano imperatori

Sollemne est mihi, domine, omnia, de quibus dubito, ad te referre. Quis enim potest melius vel cunctationem meam regere vel ignorantiam instruere? Cognitionibus de Christianis interfui numquam: ideo nescio, quid et quatenus aut puniri soleat aut quaeri.

Nec mediocriter haesitavi, sitne aliquod discrimen aetatum an quamlibet teneri nihil a robustioribus differant; detur paenitentiae venia an ei, qui omnino Christianus fuit, desisse non prosit; nomen ipsum, si flagitiis careat, an flagitia cohaerentia nomini puniantur. Interim in iis, qui ad me tamquam Christiani deferebantur, hunc sum secutus modum.

Interrogavi ipsos, an essent Christiani. Confitentes iterum ac tertio interrogavi supplicium minatus; perseverantes duci iussi. Neque enim dubitabam, qualecumque esset, quod faterentur, pertinaciam certe et inflexibilem obstinationem debere puniri. Fuerunt alii similis amentiae, quos, quia cives Romani erant, adnotavi in urbem remittendos. Mox ipso tractatu, ut fieri solet, diffundente se crimine plures species inciderunt.

Propositus est libellus sine auctore multorum nomina continens. Qui negabant esse se Christianos aut fuisse, cum praeeunte me deos appellarent et imagini tuae, quam propter hoc iusseram cum simulacris numinum afferri, ture ac vino supplicarent, praeterea maledicerent Christo - quorum nihil cogi posse dicuntur qui sunt re vera Christiani -, dimittendos putavi.

Alii ab indice nominati esse se Christianos dixerunt et mox negaverunt; fuisse quidem, sed desisse, quidam ante triennium, quidam ante plures annos, non nemo etiam ante viginti. Hi quoque omnes et imaginem tuam deorumque simulacra venerati sunt et Christo maledixerunt.

Trāiānus → S. 5

sollemnis, e *hier:* üblich
cūnctātiō, ōnis f: Zögern
cōgnitiō dē Chrīstiānīs: gerichtliche Untersuchung gegen Christen
quātenus Adv.: wie weit

haesitāre: sich im Unklaren sein
discrīmen: LW7 - **quamlibet tenerī:** selbst ganz junge Menschen
rōbustus: erwachsen - dēsi(i)sse
prōdesse: nützen - **cohaerēre** (+ Dat.): verbunden sein mit - **quī ad mē tamquam Chrīstiānī dēferēbantur:** die mir als Christen angezeigt wurden - **dēferre** *hier:* anzeigen
tertiō Adv.: zum dritten Mal
persevērāre: dabei bleiben - dūcī (ad supplicium) - **quālecumque:** von welcher Art auch immer
pertinācia, īnflexibilis, obstinātiō, āmentia → A 1
adnotāre: vormerken - **tractātus, ūs** m *hier:* Verhandlung - **diffundente sē crīmine:** als sich die Anklage weiter ausbreitete - **speciēs, ēī** f: der Fall - **incidere:** LW4 - **libellus sine auctōre** *hier:* eine anonyme Liste
(eōs), quī - **praeīre:** eine Gebetsformel vorsprechen - **praeeunte mē:** Abl. abs. - **propter hoc:** deswegen
tūs, tūris n: Weihrauch - **maledīcere** (+ Dat.): schmähen; beschimpfen
quōrum: *gemeint sind* deōs appellāre, imāgini supplicāre, Christō maledīcere - (iī), quī
rē verā: tatsächlich; in Wahrheit
dīmittendōs (esse) - **index, dicis** m: Verräter, Denunziant - dēsi(i)sse
triennium: drei Jahre - **nōn nēmō:** mancher

1. Erschließen Sie mithilfe eines Wörterbuchs die Bedeutung von *pertinacia, inflexibilis, obstinatio* und *amentia* (Z. 16f.). Erläutern Sie, welches Verhalten Plinius bei den Christen vor allem kritisiert.
2. Erstellen Sie eine grafische Analyse der Zeilen 7–12 und 21–27 (→ S. 48).
3. Beschreiben Sie anhand des Textes und unter Einbezug des Einstiegskapitels (S. 5) und i „Verwaltung der Provinzen" das Verhältnis zwischen Plinius und Trajan.
4. Arbeiten Sie Plinius Haltung gegenüber den Christen heraus.
5. Nehmen Sie ausgehend von i „Problemfeld ‚Christen'" Stellung zum römischen Begriff von Toleranz. Diskutieren Sie, ob ein Staat solche Unterwerfungsgesten verlangen darf.

i Verwaltung der Provinzen

Mit der Ausdehnung des römischen Machtgebietes wurde es notwendig, die Provinzen effektiv zu verwalten, weshalb Statthalter mit weitreichenden Vollmachten eingesetzt wurden. Ein Statthalter war ausgestattet mit der *consularis potestas*, was ihm militärische, jurisdiktionelle, polizeiliche und sonstige Vollgewalt gab. Man versuchte bestehende Verwaltungs- und Rechtsinstitutionen des unterworfenen Gebietes zu erhalten, Entscheidungen über Steuern, die Verhängung der Todesstrafe und das Militär aber waren der römischen Verwaltung unterworfen. Anfangs war es üblich, Konsuln und Prätoren nach ihrer Amtsführung in Rom als Prokonsuln bzw. Proprätoren mit der Leitung einer Provinz zu betrauen. Zur Zeit der größten Ausdehnung zählte man etwa 40 Provinzen. Plinius wurde 110 oder 111 n. Chr. Statthalter (*legatus Augusti*) von Bithynien am Schwarzen Meer.

i Problemfeld „Christen"

Der Umgang der Römer mit fremden Religionen war grundsätzlich pragmatisch und tolerant, solange die unterworfene Bevölkerung die Erfordernisse des Staatskults erfüllte; die Götter der besiegten Völker wurden in die römische Götterwelt integriert.

Die Christen weigerten sich, den römischen Göttern zu opfern und den Kaiserkult zu erfüllen, was zu ihrer Verfolgung führte. Zahlreiche Christen wurden so zu Märtyrern, die für ihren Glauben starben. Eine der ersten Christenverfolgungen fällt in Neros Regierungszeit, als der Kaiser den Christen die Schuld am Brand Roms (64 n. Chr.) gab. Systematische Christenverfolgungen fanden v.a. im 3. Jh. n. Chr. unter den Kaisern Decius und Diokletian statt, ehe Kaiser Konstantin den Christen Religionsfreiheit (Toleranzedikt von Mailand 313 n. Chr.) gewährte und das Christentum von Kaiser Theodosius Ende des 4. Jhs. sogar zur alleinigen Staatsreligion erklärt wurde.

6.2 Rechtliche Bedenken des Statthalters

Plinius fasst die Ergebnisse seiner Befragung der Christen (*cognitio*) zusammen und fragt Trajan um Rat für das weitere Vorgehen (*ep.* 10,96,7–10).

W		G
scelus	cōnsulere	Gerundium
committere	prope	relativischer Satzanschluss
mōs	opīnārī	

12 Affirmabant autem hanc fuisse summam vel culpae suae vel erroris, quod essent soliti stato die ante lucem convenire carmenque Christo quasi deo dicere secum invicem seque sacramento non in scelus aliquod obstringere, sed ne furta, ne latrocinia, ne adulteria committerent, ne fidem fallerent, ne depositum appellati abnegarent. Quibus peractis morem sibi discedendi fuisse rursusque coeundi ad capiendum cibum, promiscuum tamen et innoxium; quod ipsum facere desisse post edictum meum, quo secundum mandata tua hetaerias esse vetueram.

Quo magis necessarium credidi, ex duabus ancillis, quae ministrae dicebantur, quid esset veri, et per tormenta quaerere. Nihil aliud inveni quam superstitionem pravam et immodicam.

Ideo dilata cognitione ad consulendum te decucurri. Visa est enim mihi res digna consultatione, maxime propter periclitantium numerum. Multi enim omnis aetatis, omnis ordinis, utriusque sexus etiam vocantur in periculum et vocabuntur. Neque civitates tantum, sed vicos etiam atque agros superstitionis istius contagio pervagata est; quae videtur sisti et corrigi posse. Certe satis constat prope iam desolata templa coepisse celebrari et sacra sollemnia diu intermissa repeti passimque venire carnem victimarum, cuius adhuc rarissimus emptor inveniebatur. Ex quo facile est opinari, quae turba hominum emendari possit, si sit paenitentiae locus.

summa *hier:* der Hauptgegenstand **status diēs:** ein festgesetzter Tag (~ Sonntag) – **sēcum invicem** *hier:* im Wechselgesang – **sacrāmentum:** Eid, Schwur – **obstringere:** verpflichten – **latrōcinium:** Raub – **adulterium:** Ehebruch – **fidem fallere:** sein Wort brechen – **dēpositum:** zur Aufbewahrung anvertrautes Gut – **appellāre** *hier:* auffordern **abnegāre:** vorenthalten – **peragere, -agō, -ēgī, -āctum:** tun – **coīre:** zusammenkommen – **cibum capere** (gemeint ist nicht die Eucharistie, sondern die Agape → i) – **prōmiscuus:** ganz gewöhnlich **innoxius:** harmlos, unschädlich dēsi(i)sse – **ēdictum:** Verordnung **secundum** (+ Akk.): gemäß – **hetaeria:** Verein, Geheimbund – **ministra** *hier:* Diakonin – **tormentum:** Folter – **prāvus:** schlimm, verkehrt **ideō:** LW11 – **cōgnitiō, ōnis** f: gerichtliche Untersuchung – **dēcurrere, -currō, -cucurrī, -cursum** *hier:* zu etwas übergehen – **cōnsultātiō, ōnis** f: Beratung – **perīclitāns, ntis** m: Angeklagter – **sexus, ūs** m: Geschlecht – **in perīculum vocāre:** vor Gericht zitieren – **contāgiō, ōnis** f: Seuche – **pervagārī, -vagor, -vagātus sum:** sich verbreiten in (+ Akk.) – **sistere** *hier:* zum Stehen bringen – **corrigere:** beseitigen **dēsōlātus:** verlassen, öde **celebrāre:** LW7; *hier:* aufsuchen **intermittere, -mitto, -mīsī, -missum:** unterbrechen – **repetere** *hier:* wieder aufnehmen – **vēnīre, vēneō, vēniī:** verkauft werden – **carō, carnis** f: Fleisch – **victima:** Opfertier – **ēmptor, ōris** m: Käufer – **ēmendāre:** LW2 **paenitentia:** LW11

1. Suchen Sie aus dem Text alle Komposita heraus und nennen Sie die Bedeutung der Präfixe.
2. Erstellen Sie eine grafische Analyse des ersten Satzes (Z. 1–6; → S. 48).
3. Stellen Sie alle Präpositionen aus dem Text zusammen und klären Sie ihre Bedeutung.
4. Stellen Sie aus den Zeilen 1-8b und anhand von **i** die einzelnen Phasen eines christlichen Gottesdienstes zusammen.
5. Vergleichen Sie den Schwur der Christen bei Plinius mit den Zehn Geboten (→ **M**).
6. Nehmen Sie in Form einer Diskussion Stellung zu Plinius' Vorgehen.

i Die sog. Agape

In der frühen Kirche gab es die sog. Agape, die Liebesmahlfeier, die an das letzte Abendmahl Jesu vor seinem Kreuzestod erinnern sollte. Dazu brachten die Christen Wein und Lebensmittel mit, die gesegnet und dann gemeinsam verzehrt wurden. Jede Gemeinde hatte ihren festen Liebesmahltermin und war an diesem Tag Gastgeberin für die anderen Gemeinden. Bei diesen Veranstaltungen spielten neben der Predigt, Gebeten und gemeinsamen Mahlzeiten die persönlichen Erfahrungsberichte der Gläubigen eine bedeutsame Rolle.

Eucharistisches Liebesmahl, frühchristliche Wandmalerei (3./4. Jh.), Katakombe des Petrus und Marcellinus, Rom

M Die Zehn Gebote des Christentums (*Exodus*, 20,2–17)

I. Ich bin der Herr, dein Gott. Du sollst keine anderen Götter haben neben mir.
II. Du sollst den Namen des Herrn, deines Gottes, nicht missbrauchen.
III. Du sollst den Feiertag heiligen.
IV. Du sollst deinen Vater und deine Mutter ehren.
V. Du sollst nicht töten.
VI. Du sollst nicht ehebrechen.
VII. Du sollst nicht stehlen.
VIII. Du sollst nicht falsch Zeugnis reden wider deinen Nächsten.
IX. Du sollst nicht begehren deines Nächsten Haus.
X. Du sollst nicht begehren deines Nächsten Weib, Knecht, Magd, Vieh noch alles, was dein Nächster hat.

6.3 Die Antwort des Kaisers

Die Briefantwort des Kaisers Trajan auf die Anfrage des Plinius trifft ein (*ep.* 10,97).

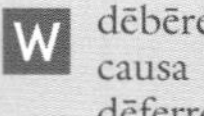
W

dēbēre
causa
dēferre
certus
cōnstituere
negāre

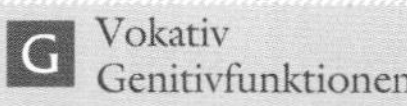
G

Vokativ
Genitivfunktionen

13 Traianus Plinio

Actum, quem debuisti, mi Secunde, in excutiendis causis eorum, qui Christiani ad te delati fuerant, secutus es. Neque enim in universum aliquid, quod quasi certam formam habeat, constitui potest. Conquirendi non sunt; si deferantur et arguantur, puniendi sunt, ita tamen, ut, qui negaverit se Christianum esse idque re ipsa manifestum fecerit, id est supplicando dis nostris, quamvis suspectus in praeteritum, veniam ex paenitentia impetret. Sine auctore vero propositi libelli in nullo crimine locum habere debent. Nam et pessimi exempli nec nostri saeculi est.

Trāiānus → S. 5
āctus, ūs m: Vorgehensweise
excutere, -cutiō, -cussī, -cussum *hier:* genau untersuchen
dēferre *hier:* anzeigen
in ūniversum: im Allgemeinen
fōrma *hier:* Grundsatz, Regel
conquīrere *hier:* aufspüren
arguere: überführen – **pūnīre:** LW11
id est: das heißt – **supplicāre:** LW11
dīs ~ deīs – **suspectus (fuerit):** verdächtig – **in praeteritum (tempus):** für die zurückliegende Zeit
paenitentia: LW11
libellus sine auctōre *hier:* eine anonyme Liste

1. Nennen Sie alle Begriffe aus der Wortfamilie „Recht und Justiz".
2. Vergleichen Sie den Umfang von Plinius' Brief mit der Antwort Trajans und erschließen Sie mögliche Gründe für Ihren Befund.
3. Arbeiten Sie in Thesenform die Einzelanweisungen des Kaisers heraus.
4. Vergleichen Sie das Verhalten Trajans und Neros (→ M) gegenüber den Christen.
5. Erörtern Sie, weshalb der Kaiser anonymen Beschuldigungen nicht nachgehen will. Recherchieren Sie in diesem Zusammenhang zum Unwesen der sog. *delatores*.
6. Belegen Sie am Text, ob Sie Hinweise für eine „humane Haltung" Trajans finden, wie sie der Althistoriker Werner Eck behauptet.
7. Untersuchen Sie auf der Grundlage des Tacitustextes (→ M) den Realitätsgehalt des Gemäldes von Siemiradzki.

M Nero und die Christen

Im Zusammenhang mit der Christenverfolgung unter Kaiser Nero schreibt Tacitus (*Annales* 15,44): Aber weder durch menschliche Hilfe noch durch Geschenke des Kaisers oder durch Besänftigungsmittel an die Götter wich das Gerücht, das Feuer sei befohlen worden. Also schob Nero Schuldige vor, um das Gerücht zu beseitigen, und bestrafte mit den ausgefallensten Strafen diejenigen, die das Volk Chrestiani nannte und die wegen ihrer Verbrechen verhasst waren. Der Urheber dieses Namens, Christus, war unter Kaiser Tiberius durch den Prokurator Pontius Pilatus hingerichtet worden; für den Augenblick war der verhasste Aberglaube zurückgedrängt worden, brach dann aber wieder aus, nicht nur in Judäa, dem Ursprung dieses Übels, sondern auch in Rom, wohin alles Schreckliche und Schändliche von überall her zusammenfließt und gefeiert wird. Also wurden zuerst die aufgegriffen, die gestanden, dann wurde durch ihre Anzeige eine ungeheure Menge nicht so sehr wegen Brandstiftung, sondern vielmehr wegen Hass auf das Menschengeschlecht überführt. Den Sterbenden wurden Hohn und Spott zugefügt, indem sie in Felle gehüllt von Hunden zerfleischt oder an Kreuze geschlagen wurden, die, sobald es Nacht wurde, zur Beleuchtung der Stadt angezündet wurden. Nero bot seine Gärten für dieses Schauspiel an, er gab ein Zirkusspiel, bei dem er als Wagenlenker verkleidet sich auf dem Wagen stehend unter das Volk mischte. Obwohl die Schuldigen die härtesten Strafen verdienten, kam Mitleid auf, weil sie nicht für den öffentlichen Nutzen, sondern für die Grausamkeit eines Einzelnen umkamen.
(Übersetzung: S. Kliemt)

Henryk Siemiradzki (1843-1902):
Die Fackeln des Nero, Nationalmuseum, Krakau

6.4 Tipps von Statthalter zu Statthalter

Plinius gibt seinem Bekannten Maximus Ratschläge, was er als neuer Statthalter der römischen Provinz Griechenland besonders berücksichtigen soll (*ep.* 8,24,2-5).

W crēdere, vetus, nōmen, certus, cōnstituere, negāre

G Imperativ, Konjunktiv im Hauptsatz

14 C. Plinius Maximo suo s.

Cogita te missum in provinciam Achaiam, illam veram et meram Graeciam, in qua primum humanitas, litterae, etiam fruges inventae esse creduntur; missum ad ordinandum statum liberarum civitatum, id est ad homines maxime homines, ad liberos maxime liberos, qui ius a natura datum virtute, meritis, amicitia, foedere denique et religione tenuerunt. Reverere conditores deos et nomina deorum, reverere gloriam veterem et hanc ipsam senectutem, quae in homine venerabilis, in urbibus sacra. Sit apud te honor antiquitati, sit ingentibus factis, sit fabulis quoque. Nihil ex cuiusquam dignitate, nihil ex libertate, nihil etiam ex iactatione decerpseris. Habe ante oculos hanc esse terram, quae nobis miserit iura, quae leges non victis, sed petentibus dederit, Athenas esse, quas adeas, Lacedaemonem esse, quam regas; quibus reliquam umbram et residuum libertatis nomen eripere durum, ferum, barbarum est. [...] Recordare, quid quaeque civitas fuerit, - non, ut despicias, quod esse desierit; absit superbia, asperitas.

merus: rein, echt
frūgēs, um f Pl.: Feldfrüchte, Ackerbau – (cōgitā tē) missum (esse) – **ōrdināre:** ordnen – **homines maximē homines:** Menschen, die in ganz besonderem Maße Menschen sind – **ius tenēre:** Recht beherzigen
reverērī (+ Akk.): Ehrfurcht empfinden vor – **conditor deus:** Gründergott (viele griechische Städte galten als von Göttern gegründet)
K. quae in homine venerābilis, in urbibus sacra (est)
antīquitās, ātis f: hohes Alter
sit (honōre)
fabulae *hier:* Mythen
iactātiō, ōnis f: Prahlerei, stolzes Auftreten – **dēcerpere, -cerpō, -cerpsī, -cerptum:** abpflücken, wegnehmen – **iūra:** Rechtssatzungen
residuus: restlich

asperitās, ātis f: Härte, Grobheit

Anschließend beschreibt Plinius, warum Furcht als Mittel der Herrschaft scheitern muss. Er appelliert an Maximus, seinen guten Ruf als Verwalter, den er als Quästor in Bithynien erworben hat, in Griechenland nicht zunichtezumachen.

1. Benennen Sie alle Imperativformen aus dem Text und übersetzen Sie diese.
2. Nennen Sie die Verhaltensweisen, die Maximus allgemein als Statthalter berücksichtigen soll, und die, die Plinius speziell für Griechenland empfiehlt.
3. Arbeiten Sie in Partnerarbeit heraus, wie Stil und Wortwahl die Aussage unterstützen und Maximus im Sinne des Plinius beeinflussen sollen.

4. Nennen Sie aus den Briefauszügen (→ M 1) Bereiche, für die ein römischer Statthalter zuständig war. Informieren Sie sich in einem (Online-) Lexikon, welche weiteren Pflichten einem Statthalter oblagen.
5. a) Recherchieren Sie in einem Wörterbuch das Bedeutungsspektrum von *humanitas.*
   b) Vergleichen Sie die Forderungen des Plinius mit Ciceros Rat an seinen Bruder (→ M 2).
6. Erläutern Sie auf der Grundlage des Textes und M 2 folgende Sentenz des römischen Dichters Horaz: *Graecia capta ferum victorem cepit et artes intulit agresti Latio.*

M 1 Alltag eines Statthalters

Plinius' Korrespondenz mit Kaiser Trajan bildet unterschiedliche Facetten der Provinzverwaltung ab:

Zur Zeit prüfe ich die Ausgaben, Einnahmen und Außenstände der Stadt Prusa und merke [...], wie notwendig es ist. Viele Gelder werden nämlich aus mancherlei Gründen von den Privatleuten zurückgehalten, manches wird außerdem für recht ungebührlichen Aufwand ausgegeben. (*ep.* 10,17a,3)
Die Bewohner von Prusa, o Herr, haben ein unhygienisches und altmodisches Bad. Deshalb halten Sie es für wichtig, eine neue Anlage zu bauen und ich meine, Du könntest ihnen ihren Wunsch bewilligen. (*ep.* 10,23)
Und obendrein gab es in der ganzen Stadt nirgendwo eine Feuerspritze, keinen Löscheimer, überhaupt kein Gerät zur Brandbekämpfung. Dies wird nun aber, wie ich bereits angeordnet habe, beschafft werden. (*ep.* 10,33,2)
(Übersetzung: H. Philips / M. Giebel)

M 2 Im Zeichen der *humanitas*

Cicero erteilt seinem Bruder, der als Statthalter in die Provinz Asia geht, folgenden Rat (*ep. ad Quintum fratrem* 1,1,27-28):

Deswegen halte dich [...] an das Vorgehen, dem du auch bisher gefolgt bist, dass du diejenigen, die Senat und Volk von Rom deiner Verantwortung [...] anvertraut haben, liebst, mit ganzer Kraft beschützt und sie so glücklich wie nur möglich sehen willst. Wenn das Los dich über [...] wilde und unkultivierte Volksstämme [gesetzt hätte], selbst dann wäre es Zeichen deiner *humanitas*, für ihre Vorteile zu sorgen und ihrem Nutzen und ihrem Wohlergehen zu dienen. Weil wir aber der Gruppe von Menschen vorstehen, bei der nicht nur die *humanitas* unmittelbar anwesend ist, sondern von der auch - wie wir glauben - die *humanitas* zu anderen gelangt ist, so müssen wir sie ihnen sicherlich in besonderer Weise erweisen, von denen wir sie ja erhalten haben. Denn ich werde mich nicht schämen zu sagen [...], dass wir das, was wir erreicht haben, durch die Beschäftigung und die Künste erreicht haben, die uns durch die Werke und Lehren Griechenlands übertragen worden sind. (Übersetzung: S. Kliemt)

7 Plinius als Vertreter der *humanitas*

7.1 Menschlicher Umgang mit Sklaven

In der Antike gab es gewissermaßen Menschen erster und zweiter Klasse. Plinius entwickelt seine eigenen Ansichten zum Umgang mit den Sklaven (*ep.* 8,16).

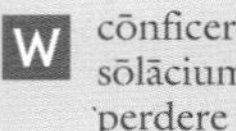

cōnficere
sōlācium
perdere
resistere
lacrima
venia

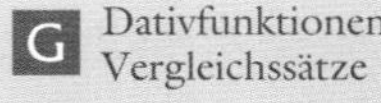

Dativfunktionen
Vergleichssätze

15 C. Plinius Paterno suo s.

Confecerunt me infirmitates meorum, mortes etiam, et quidem iuvenum. Solacia duo nequaquam paria tanto dolori, solacia tamen: unum: facilitas manumittendi - videor enim non omnino immaturos perdidisse, quos iam liberos perdidi: alterum: quod permitto servis quoque quasi testamenta facere eaque ut legitima custodio. Mandant rogantque, quod visum; pareo, ut iussus. Dividunt, donant, relinquunt - dumtaxat intra domum; nam servis res publica quaedam et quasi civitas domus est. Sed quamquam his solaciis acquiescam, debilitor et frangor eadem illa humanitate, quae me, ut hoc ipsum permitterem, induxit. Non ideo tamen velim durior fieri. Nec ignoro alios eius modi casus nihil amplius vocare quam damnum eoque sibi magnos homines et sapientes videri. Qui an magni sapientesque sint, nescio; homines non sunt. Hominis est enim affici dolore, sentire, resistere tamen et solacia admittere, non solaciis non egere. Verum de his plura fortasse, quam debui; sed pauciora, quam volui. Est enim quaedam etiam dolendi voluptas, praesertim si in amici sinu defleas, apud quem lacrimis tuis vel laus sit parata vel venia. Vale!

cōnficere *hier:* aufreiben, schwer zu schaffen machen - **meī, ōrum** m Pl.: meine Leute (*gemeint ist die gesamte familia*) - *K.* sōlācia duo ... dolōri (mihi sunt) - **nēquāquam:** LW9 - **manūmittere:** freilassen
immātūros, līberos: prädikat.
testāmentum: Testament
ut lēgitima: als wären sie rechtmäßig - **cūstōdīre:** beachten
mandāre: verfügen - (id), quod (eīs rectē) vīsum (est) - **ut iussus:** wie ein Befehlsempfänger; wie befohlen
dumtāxat: freilich, natürlich nur
acquiēscere: Ruhe finden
dēbilitāre: schwächen
hūmānitās: LW14
ideō: LW11 - **cāsūs:** LW7; *hier:* Unglück - **damnum** *hier:* Sachschaden, Vermögensverlust

resistere *hier:* sich wieder fassen
fortasse (dīxī) - pauciora (dīxī)

dēflēre: sich ausweinen

1. Beschreiben Sie die Haltung des Plinius zu seinen Sklaven.
2. Vergleichen Sie die unterschiedlichen römischen Vorstellungen zum Thema „Sklaven" (→ i, M 1, M 2) mit der Ansicht des Plinius.
3. Im Lateinischen gibt es folgende Bezeichnungen für Sklaven: *servus*, *mancipium* und *verna*. Erklären Sie mithilfe eines Wörterbuchs die Bedeutungsunterschiede.
4. Vergleichen Sie die Aussagen aus dem Grundgesetz (→ M 3) mit antiken Vorstellungen und arbeiten Sie die Unterschiede in der Sichtweise des Wertes menschlichen Lebens heraus.

i Sklaven in Rom

Sklaven waren Menschen, die ihre Freiheit verloren hatten (oder in der Sklaverei geboren waren) und ihre Arbeitskraft dem Herrn zur Verfügung stellen mussten. Sie waren meist Kriegsgefangene aus Ländern, die das römische Heer erobert hatte, oder Menschen, die ihre Schulden nicht mehr bezahlen konnten und mit ihrer Person für ihre Schulden hafteten. Dem Besitzer von Sklaven war von schwerer körperlicher Misshandlung bis zur Tötung des Sklaven alles erlaubt. Besonders hart war die Arbeit der Sklaven in Steinbrüchen, Bergwerken und auf den Gütern (Latifundien) der Großgrundbesitzer.

M 1 Cato der Ältere über Sklaven (*De agricultura 2*)

Alte Ochsen, entwöhntes Vieh, entwöhnte Schafe, Wolle, Felle, altes Fahrzeug, altes Eisenzeug, alte Sklaven, kranke Sklaven und was es sonst Überflüssiges gibt, soll er (= der Herr des Landguts) verkaufen.

(Übersetzung: S. Kliemt)

M 2 Seneca über Sklaven (*ep. mor.* 47,1)

Seneca lobt einen Freund wegen dessen Umgang mit seinen Sklaven:

Gern habe ich von denen, die von dir kommen, erfahren, dass du freundschaftlich mit deinen Sklaven lebst: Das passt zu deiner Klugheit, das passt zu deiner Bildung. „Sklaven sind es." Nein, im Gegenteil, es sind Menschen. „Sklaven sind es." Nein, im Gegenteil, es sind Hausgenossen. „Sklaven sind es." Nein, im Gegenteil, es sind nur tiefer gestellte Freunde. „Sklaven sind es." Nein, im Gegenteil, es sind Mitsklaven, wenn du bedenkst, dass dem Schicksal ebenso viel gegenüber beiden erlaubt ist.

(Übersetzung: S. Kliemt)

M 3 Aus dem Grundgesetz der Bundesrepublik Deutschland

Artikel 1

1. Die Würde des Menschen ist unantastbar. Sie zu achten und zu schützen ist Verpflichtung aller staatlichen Gewalt.
2. Das Deutsche Volk bekennt sich darum zu unverletzlichen und unveräußerlichen Menschenrechten als Grundlage jeder menschlichen Gemeinschaft, des Friedens und der Gerechtigkeit in der Welt.

Artikel 3

1. Alle Menschen sind vor dem Gesetz gleich.
2. Männer und Frauen sind gleichberechtigt. Der Staat fördert die tatsächliche Durchsetzung der Gleichberechtigung von Frauen und Männern und wirkt auf die Beseitigung bestehender Nachteile hin.
3. Niemand darf wegen seines Geschlechtes, seiner Abstammung, seiner Rasse, seiner Sprache, seiner Heimat und Herkunft, seines Glaubens, seiner religiösen oder politischen Anschauungen benachteiligt oder bevorzugt werden. Niemand darf wegen seiner Behinderung benachteiligt werden.

7.2 Plädoyer für eine nachsichtige Erziehung

„Was ist die ideale Erziehung?" Auch Plinius beschäftigt sich mit dieser Frage (*ep.* 9,12).

W corripere, repente, reprehendere, acerbus, ūtī (+ Abl.), meminisse (+ AcI)

G Ablativfunktionen, AcI

16 C. Plinius Iuniori suo s.

Castigabat quidam filium suum, quod paulo sumptuosius equos et canes emeret. Huic ego iuvene digresso: „Heus tu, numquamne fecisti, quod a patre corripi posset? „Fecisti", dico. Non interdum facis, quod filius tuus, si repente pater ille, tu filius, pari gravitate reprehendat? Non omnes homines aliquo errore ducuntur? Non hic in illo sibi, in hoc alius indulget?" Haec tibi admonitus immodicae severitatis exemplo pro amore mutuo scripsi, ne quando tu quoque filium tuum acerbius duriusque tractares. Cogita et illum puerum esse et te fuisse, atque ita hoc, quod es pater, utere, ut memineris et hominem esse te et hominis patrem. Vale!

sūmptuōsus: teuer, aufwändig
ego (dīxī) – **dīgredī, dīgredior, dīgressus sum:** weggehen – **heus:** hör mal! – **corripere** *hier:* tadeln
interdum: LW2
pater ille (esset) – tū fīlius (esses)
gravitās, ātis: LW10
error, ōris: LW12
indulgēre: schwach sein
immodicus: LW12
admonitus immodicae sevēritātis exemplō: belehrt durch ein Beispiel maßloser Strenge
tē (puerum)
quod: die Tatsache, dass

1. Stellen Sie aus dem Text Wörter zusammen, die im Deutschen als Fremdwörter weiterleben.
2. Beschreiben Sie, mit welchem künstlerischen Kniff Plinius auf das ihm wichtige Anliegen zusteuert.
3. Arbeiten Sie seine Ansicht über die richtige Erziehung heraus.
4. Vergleichen Sie das Erziehungsideal des Plinius mit der Rolle, die der Vater in Rom spielte (→ i).
5. Nehmen Sie im Rahmen einer Klassendiskussion Stellung zur Haltung des Plinius und der in **M** zutage tretenden Meinung.
6. Erläutern Sie die Kernaussage der Karikatur.

i *Pater familias*

Der *pater familias* („Familienoberhaupt") gebot über alle Personen der Familie, zu denen neben der Ehefrau und den Kindern auch die Sklaven zählten. Der römische Familienvater bestimmte über deren Vermögen und hatte unumschränkte Gewalt über Leben und Tod der Familienmitglieder, auch wenn dies bereits in der späten römischen Republik kaum mehr aktiv ausgeübt wurde. Eine auf das männliche Familienoberhaupt zugeschnittene Familien- und Gesellschaftsstruktur wird als „patriarchalisch" bezeichnet (lat. *pater* + griech. *arché* „Herrschaft").

M Die neue Strenge

Aber schon in der Familie brauchen Heranwachsende bei aller liebevollen Einbettung auch Abstand und Differenz zu Erwachsenen als Anreiz für ihre kognitive wie psychosoziale Entwicklung. Dort genauso wie in der Schule ist [...] Forderung nach „einem Schuss Strenge" keinesfalls als rückwärtsgewandtes Plädoyer für Härte oder Lieblosigkeit zu verstehen, sondern vielmehr als ein Blick nach vorn: Gegen die oberflächliche Freundlichkeit im Umgang mit jungen Menschen. Der Zürcher Jugendpsychologe Allan Guggenbühl geht sogar noch einen Schritt weiter und sieht im Fehlen der Abgrenzung der Erwachsenen dem Kind gegenüber ein zentrales Manko gegenwärtiger Pädagogik. Kindern, stellt er fest, sind im Zuge moderner Erziehungslehren die familiären und schulischen Gegenspieler abhanden gekommen. Statt der konfrontierenden Autorität bleibt vielen nur die pädagogische Gummiwand.

(Heinz Zangerle, Die neue Strenge, www.erziehungsfallen.at)

Gottlob, dass er bald in die Schule kommt,
da sind wir die Verantwortung für seine Erziehung endlich los.

Barbara Henniger: Vorschulkind, Cartoon aus der Ausstellung „Das wäre ja gelacht" (Okt. 2008–März 2009, Potsdam)

Staat und Kaiserhaus	Plinius
54 n. Chr. Nero wird römischer Kaiser.	
	61/62 Gaius Plinius Secundus wird in Novum Covum (heute: Como) geboren.
64 Brand Roms; erste Christenverfolgung	
68 Nero wird abgesetzt und begeht Selbstmord.	
68/69 Vierkaiserjahr: Galba, Otho, Vitellius, Vespasian	
69 Vespasian wird Kaiser.	
	76 Plinius siedelt nach Rom über, wohnt bei seinem Onkel, Plinius dem Älteren; er beginnt bei Quintilian das Studium der Rhetorik.
79 Vespasian stirbt, sein Sohn Titus wird Kaiser.	**24.08.79** Der Vesuv bricht aus; Herculaneum und Pompeji werden verschüttet; Plinius der Ältere kommt bei einer Hilfsaktion ums Leben.
	79/80 Plinius tritt erstmals als Anwalt auf.
	81–96 Plinius' Aufstieg unter Domitian
81 Titus stirbt, sein Bruder Domitian wird Kaiser.	**81/82** Plinius ist Militärtribun in Syrien.
	88 Plinius wird *quaestor imperatoris* (Verbindungsmann zwischen Kaiser und Senat) und somit Mitglied des Senats.
	91/92 Plinius wird *tribunus plebis* (Volkstribun).
	94 Plinius wird Prätor.
	95/96 Domitian macht Plinius zum Verwalter der Kasse für die Veteranenversorgung.
96 Domitian wird ermordet, Nerva wird vom Gardepräfekt zum Kaiser ernannt; er adoptiert Trajan.	**97** Plinius wird die Verwaltung der Staatskasse übertragen.
98 Nerva stirbt; Trajan wird Kaiser.	**100** Plinius wird Konsul, er hält einen Panegyrikos (eine prunkvolle Rede) zur Ehrung Trajans.
	103 Plinius wird zum Augur ernannt.
	104–107 Plinius ist Wasserbauinspektor in Rom.
	109–111 Plinius gibt seine Briefsammlung (neun Bücher) heraus.
	ab **111** Plinius ist außerordentlicher Statthalter in der Provinz Bithynien-Pontus.
	112 Christenprozesse in Bithynien
	vor **117** Plinius stirbt in der Provinz; der Briefwechsel zwischen ihm als Statthalter und Trajan wird postum als Briefbuch herausgegeben.

Plinius der Jüngere

Plinius der Jüngere wurde 61 oder 62 n. Chr. in Novum Comum geboren und starb ca. 113 n. Chr.; er erlebte den Vesuvausbruch von 79 n. Chr., bei dem u.a. Pompeji zerstört wurde und sein Onkel Plinius der Ältere umkam. Diese Ereignisse beschreibt Plinius in zwei von seinen Briefen.

Plinius war Finanzexperte und durchlief seine politische Karriere in verschiedenen Ämtern, bis er im Jahre 100 n. Chr. sogar Konsul wurde und später als Statthalter die Provinz Bithynien-Pontus verwaltete.

Seine Briefe eröffnen als literarische Essays vielfältige Einblicke in das öffentliche und private Leben der frühen Kaiserzeit. Neben seinen beiden „Vesuv-Briefen" ist vor allem sein dienstlicher Briefwechsel mit dem Kaiser Trajan u.a. zur Frage, wie die Christen behandelt werden sollen, bekannt.

Briefliteratur

Das deutsche Wort „Brief" leitet sich vom lateinischen Wort *brevis* ab und weist darauf hin, dass es sich bei einem Brief ursprünglich um eine kurze schriftliche Mitteilung handelte. Da sich der persönliche bzw. amtliche Brief als ein Gespräch zwischen Abwesenden oder „halber Dialog" verstand, vermied man ausgefallene Wörter, ausufernden Periodenbau und allzu kunstvolle Redefiguren. Typische formale Elemente sind der Gruß am Anfang, z. B. C. *Plinius Cornelio Tacito suo s(alutem dicit)*, und der den Brief beschließende Gruß, z. B. *vale*.

Man kann in der römischen Literatur verschiedene Arten von Briefen unterscheiden:

- der persönliche Brief (z. B. Briefe Ciceros *ad familiares*) ist an Familienmitglieder oder Freunde gerichtet und ermöglicht z.T. einen Einblick in das Private und die Emotionen des Verfassers;
- der amtliche Brief (z. B. das zehnte Buch der *Epistulae* des Plinius) an den Senat bzw. den Kaiser legt u.a. Rechenschaft über die Arbeit eines Provinzstatthalters ab;
- der Kunstbrief (z. B. *Epistulae* des Plinius) nennt zwar einen konkreten Adressaten, ist aber an ein breiteres Publikum gerichtet; der Schreiber nutzt das Medium Brief, um sich mit einem Thema von allgemeinem Interesse zu beschäftigen (z. B. Was ist eine ideale Erziehung?);
- der philosophische Brief (z. B. *Epistulae morales* Senecas) ist ebenfalls ein Kunstbrief, der sich mit philosophischen Fragen beschäftigt;
- der Versbrief (z. B. Heroides des Ovid und die *Epistulae* des Horaz) ist im Versmaß abgefasst und behandelt mythologische, philosophische und literarische Themen.

Persönliche und amtliche Briefe sind als historische Quellen für politische und alltägliche Ereignisse von unschätzbarem Wert. Durch sie entsteht ein plastisches Bild der Gesellschaft und des Schreibers, sie gewähren Einblick in den Alltag und oft sehr persönliche Fragen.

Das Grundwissen ist, leicht modifiziert und erweitert, den „Grundlegenden Kenntnissen für das Fach Latein" (ISB, München) entnommen.

Stilmittel

Auf die Definition der Stilmittel folgt die Darstellung ihrer Aussagefunktionen. Diese Beschreibungen intendierter Wirkungen verstehen sich als exemplarische und verallgemeinernde Anregungen – die tatsächliche Wirkabsicht eines Stilmittels ergibt sich aus dem jeweiligen Sinnzusammenhang.

Alliteration	Wiederholung des Anlauts bei aufeinander folgenden Wörtern → akustischer Reiz	*illic nox omnibus noctibus nigrior densiorque* (T 8, Z. 20f.)
Anapher	Wiederholung eines Wortes bzw. einer Wortgruppe am Anfang von Sätzen oder Satzteilen → Verdeutlichung	*ille me ad signandum testamentum, ille in advocationem, ille in consilium rogavit* (T 1, Z. 6f.)
Antithese	Gegensatz → Verdeutlichung wesentlicher Begriffe bzw. Themen	*si manus vacuas, plenas tamen ceras reportarem* (T 3, Z. 7)
Asyndeton	unverbundene Nebeneinanderstellung von Wörtern oder Sätzen, die nur durch Kommas getrennt werden → nachdrückliche Betonung	*Iterum ambulo, ungor, exerceor, lavor.* (T 2, Z. 19f.)
Chiasmus	Über-Kreuz-Stellung von Wortgruppen → Hervorhebung eines Gegensatzes durch Gegenüber- bzw. Randstellung der aufeinander bezogenen Kontrastbegriffe	*ut, si manus* (A) *vacuas* (B), *plenas* (B) *tamen ceras* (A) *reportarem* (T 3, Z. 7)
Ellipse	Auslassung eines vom Sinn her selbstverständlichen Wortes → Prägnanz und Schwung	*quod vilius tunica* (*est*) (T 6, Z. 15)
Enumeratio	oft asyndetische Aufzählung einer Vielzahl von Beispielen → Unterstreichung eines Arguments durch Fülle	*sed ne furta, ne latrocinia, ne adulteria committerent, ne fidem fallerent …* (T 12, Z. 4f.)
Exclamatio	echter oder gespielter emotionaler Ausbruch in Form eines Ausrufs → emphatische Wirkung	*O rectam sinceramque vitam! O dulce otium honestumque ac paene omni negotio pulchrius!* (T 1, Z. 18f.)
Hendiadyoin „eins durch zwei"	ein Gedanke oder Begriff wird durch zwei Elemente wiedergegeben → Verstärkung der Gleichrangigkeit zweier Begriffe	*Tandem illa caligo tenuata quasi in fumum nebulamve discessit.* (T 9, Z. 19f.)
Hyperbaton	Trennung grammatisch zusammengehöriger Wörter → besondere Stellung der einrahmenden oder eingerahmten Wörter; gedankliche Klammer	*capio magnum laboris mei fructum* (T. 10, Z. 20f.)
Litotes	Verneinung des Gegenteils → Verstärkung der Aussage	*Venor aliquando, sed non sine pugillaribus, ut, quamvis nihil ceperim, non nihil referam.* (T 2, Z. 30f.)
Parallelismus	parallele Abfolge von Wortgruppen → Verständniserleichterung, Hervorhebung gegenübergestellter Begriffe, oft in linearem Gedankengang, teils antithetisch	*otiosum esse quam nihil agere* (T 1, Z. 25)
Polysyndeton	durch *et* verbundene Reihung von Wörtern oder Sätzen → „Einhämmerung"	*iam pumices etiam nigrique et ambusti et fracti igne lapides* (T 7, Z. 41f.)

Trikolon	Dreigliedrigkeit, oft verbunden mit Klimax und Asyndeton → emphatische Verstärkung	*aliud sibi et nobis, aliud minoribus amicis (...), aliud suis nostrisque libertis* (T 4, Z. 8ff.)
Vergleich	Gegenüberstellung zweier Gegenstände mithilfe der Vergleichspartikel „wie" (*ut*) → Veranschaulichung	*Nubes (...) oriebatur, cuius similitudinem et formam non alia magis arbor quam pinus expresserit.* (T 7, Z. 19ff.)

Lernwortschatz

LW 1	
frequentāre (+ Akk.)	an etw. teilnehmen
cotīdiē *Adv.*	täglich
frīgidus, a, um	kalt, uninteressant, fade
vacāre (+ Dat.)	frei sein für, Zeit haben für
dictāre	diktieren
occāsiō, ōnis f	Gelegenheit
ērudītus, a, um	gebildet, geistvoll
ōtiōsus, a, um	untätig, frei von Staatsgeschäften

LW 2	
tardus, a, um	spät
silentium	Stille, Ruhe, Schweigen
ēmendāre	verbessern
compōnere, -pōnō, -posuī, -positum	zusammenstellen
meditārī	über etwas nachdenken, etwas überdenken, überlegen
vehiculum	Wagen
ascendere, ascendō, ascendī, ascēnsum	besteigen
ambulāre	spazieren gehen
firmāre	stärken
citō *Adv.*	schnell
interdum *Adv.*	manchmal
subvenīre, -veniō, -vēnī, -ventum	zu Hilfe kommen
pugillārēs, ium m Pl.	Schreibtafel

LW 3	
inertia	Untätigkeit, Trägheit
quiēs, ētis f	Ruhe
vacuus, a, um	leer
contemnere, -temnō, -tempsi, -temptum	verachten, geringschätzen
sōlitūdō, inis f	Einsamkeit
auctor, ōris m	Urheber

LW 4	
sordidus, a, um	schmutzig, gemein, geizig
vīlis, e	billig, wertlos
ēligere, -ligō, -lēgī, -lēctum	auswählen
invītāre	einladen
mēnsa	Tisch
continentia	Maßhalten
luxuria	Verschwendungssucht
incidere, -cidō, -cidī	sich ereignen, herunterfallen; (+ Dat.): auf etwas fallen
societās, ātis f	Gemeinschaft, Verbindung

sēparātus, a, um	abgetrennt
LW 5	
modicus, a, um	maßvoll, gering
nix, nivis f	Schnee
lēctor, ōris m	Vorleser
poenās dare	bestraft werden
nusquam *Adv.*	nirgends
hilaris, e	heiter, fröhlich
simplex, plicis	einfach, schlicht
excusāre (+ Dat.)	entschuldigen bei
LW 6	
circēnsēs, ium m Pl.	Zirkusspiele
spectāculum	Schauspiel
semel *Adv.*	einmal
favēre, faveō, fāvī, fautum (+ Dat.)	etwas / jmd. begünstigen
certāmen, inis n	Wettkampf
trānsferre, -ferō, -tulī, -lātum	übertragen, bringen
favor, ōris m	Gunst, Beifall
occupātiō, ōnis f	Beschäftigung
LW 7	
exitus, ūs m	Tod, Ausgang, Herauskommen
celebrāre	verherrlichen
cāsus, ūs m	Fall, Sturz
aeternitās, ātis f	Ewigkeit
appārēre, appāreō, appāruī	erscheinen
nūbēs, is f	Wolke
gustāre	kosten, einen Imbiss zu sich nehmen
mīrāculum	Wunder, Schauspiel
similitūdō, inis f	Ähnlichkeit
pondus, eris n	Gewicht
discrīmen, inis n	Unterschied, Gefahr
pūmex, icis m	Bimsstein
niger, gra, grum	schwarz
cūnctārī	zögern
cōnspicuus, a, um	sichtbar
cōnsōlārī	trösten
LW 8	
līmen, inis n	Türschwelle
cubiculum	Schlafzimmer
vagārī	umhergehen
tremor, ōris m	Zittern, Beben
permanēre, -maneō, -mānsī	(ver)bleiben
cālīgō, inis f	Qualm, Finsternis
integer, gra, grum	unberührt, unversehrt
operīre, operiō, operuī, opertum	bedecken
LW 9	
īnfāns, antis m	Kleinkind, Baby
miserārī	beklagen
mundus	Welt
interpretārī	erklären
terror, ōris m	Schrecken
falsō *Adv.*	falsch
gloriārī	sich rühmen
nebula	Nebel
regredī, regredior, regressus sum	zurückkehren
dubius, a, um	ungewiss, zweifelhaft
nēquāquam *Adv.*	keineswegs
LW 10	
gravitās, ātis f	Würde, Bedeutung, Nachdruck
cōnsurgere, -surgō, -surrēxī, surrēctum	sich erheben
proprius, a, um	eigen, eigentümlich
laetārī	sich freuen
celebritās, ātis f	Berühmtheit

invidēre, -videō, -vīdī, -vīsum	beneiden

LW 11

īgnōrantia	Unwissen
ideō *Adv.*	deshalb, deswegen
pūnīre	(be)strafen
mediocris, e	mittelmäßig
paenitentia	Reue
minārī	(an)drohen
supplicāre (+ Dat.)	jemanden anbeten, anflehen
maledīcere, -dīcō, -dīxī, -dictum (+ Dat.)	lästern, schmähen
venerārī	verehren

LW 12

affirmāre	bekräftigen
error, ōris m	Irrtum
vetāre, vetō, vetuī	verbieten
ancilla	Sklavin, Magd
superstitiō, ōnis f	Aberglaube
immodicus, a, um	maßlos
sollemnis, e	feierlich
passim *Adv.*	überall

Text 13 enthält keinen LW

LW 14

hūmānitās, ātis f	Menschlichkeit, Bildung
status, ūs m	Verfassung
meritum	Verdienst
foedus, eris n	Bündnis, Vertrag
senectūs, ūtis f	Alter
venerābilis, e	verehrungswürdig
recordārī	sich erinnern, daran denken
dēspicere, -spiciō, -spēxī, -spectum	verachten

LW 15

īnfirmitās, ātis f	Krankheit
facilitās, ātis f	Leichtigkeit, Möglichkeit
immātūrus, a, um	verfrüht, frühzeitig
sapiēns, entis	weise
egēre, egeō, eguī (+ Abl.)	bedürfen
fortasse *Adv.*	vielleicht

LW 16

castīgāre	strafen, zurechtweisen
sevēritās, ātis f	Strenge, Härte
mūtuus, a, um	gegenseitig
tractāre	behandeln

Eigennamen- und Sachverzeichnis

Achāia	Landschaft an der Nordküste der Peloponnes
Asia	Kleinasien (heute westliche Türkei); wurde 129 v. Chr. römische Provinz
augur	Augur, römischer Beamter, der mittels Beobachtung des Verhaltens von Vögeln zu ergründen hatte, inwiefern ein privates oder staatliches Unternehmen den Göttern gefalle
Athēnae	Athen, die Hauptstadt von Attica
Bīthȳnia et Pontus	Bithynien-Pontus, 64 v. Chr. eingerichtete Provinz im nordwestlichen Kleinasien mit der Hauptstadt Nikomedia; hier wirkte Plinius als Statthalter
C. Calvisius Rūfus	römischer Ritter, der wie sein Freund Plinius aus Comum stammte
Campānia	Kampanien, Landschaft in Mittelitalien mit der Hauptstadt Capua
Catō Māior	Cato der Ältere (234–149 v. Chr.); als Zensor, der u.a. die Sitten der Römer zu beaufsichtigen hatte, versah er sein Amt mit großer Strenge; er kämpfte engagiert für die römische *virtus* und lehnte alles Griechische strikt ab
Graecia	Griechenland
Herculāneum	kampanische Stadt am Golf von Neapel, die wie Pompeji durch den Vesuvausbruch 79 n. Chr. untergegangen ist
Italicus	Bewohner Italiens
Iūnius Avītus	Militärtribun in Germanien und Pannonien, dann Quästor und Ädil
Lacedaemōn	Sparta
Laurentīnum	Landgut des Plinius, ca. 25 km südlich von Rom
Titus Līvius	römischer Geschichtsschreiber (59 v. Chr.–17 n. Chr.); sein Geschichtswerk *Ab urbe condita* behandelt die Geschichte der Stadt Rom von ihrer Gründung bis zum Jahr 9 v. Chr.
Maximus	hoher Beamter aus dem engeren Freundeskreis des Plinius
C. Minicius Fundānus	hochgebildeter Mann, der 107 Konsul und 124/25 Prokonsul der Provinz Asia war; sein philosophisches und wissenschaftliches Interesse belegen diverse Briefe des Plinius
Mīsēnum	Stadt an der Bucht von Baiae in Kampanien
Novum Cōmum	Stadt nördlich von Mailand; hier wurde Plinius geboren; heute Como
Paternus	literarisch gebildeter Freund des Plinius, der ebenfalls aus Comum stammte und dort eine führende Stelle innehatte
Cn. Pedianus Fuscus Salinator	wissenschaftlich interessierter, jüngerer Freund und Schüler des Plinius
Plautus	römischer Komödiendichter (254–184 v. Chr.)
Pompōniānus	Freund des älteren Plinius
praefectus praetōrio	Gardepräfekt, Befehlshaber der Prätorianergarde, die den Kaiser zu schützen hatte
praetor	römischer Beamter, zuständig für die Rechtsprechung und Rechtspflege
quaestor imperātoris	Vertreter des Kaisers gegenüber dem Senat, entschied über Anträge des Senates und trug sie dem Kaiser vor
Quīntiliānus	Quintilian, bedeutender Rhetoriklehrer des 1. Jhs. n. Chr.

Rectīna Tascī	Rectina, die Frau des Tascus, eine Nachbarin des Plinius am Golf von Neapel
C. Septicius Clārus	römischer Ritter; unter Hadrian Prätorianerpräfekt; er gab den Anstoß dafür, dass Plinius seine Briefe veröffentlichte; der Historiker C. Suetonius Tranquillus widmete ihm seine Kaiserbiographien
Stabiae	Stadt am Golf von Neapel
Cornēlius Tacitus	römischer Historiker (ca. 55–120 n. Chr.), Freund des Plinius → i, S. 20
Terentius	neben Plautus der zweite bedeutende Komödiendichter (2. Jh. v. Chr.)
C. Terentius Iūnior	literarisch gebildeter römischer Ritter, der nach einer Offizierslaufbahn Prokurator war und sich dann ins Private zurückzog
tribūnus mīlitum	Militärtribun, höherer Offizier im römischen Heer
tribūnus plēbis	Volkstribun, gewählter politischer Amtsträger, dessen Aufgabe es war, die Plebejer gegen die Macht der Patrizier zu verteidigen
Tuscī, ōrum (agrī)	Landgut des Plinius in Etrurien
M. Ulpius Trāiānus	Trajan, von Kaiser Nerva adoptiert, römischer Kaiser von 98–117 n. Chr.
Vesuvius	Vesuv, Vulkan in Kampanien, der 79 n. Chr. ausbrach und die Städte Pompeji und Herculaneum verschüttete

Syntaktische Analyse: Konstruktionsmethode

Die bekannteste Form der Satzerschließung ist die Konstruktionsmethode („Abfragen"), die gerade bei komplexen Sätzen den Satzbau systematisch nachvollziehen hilft. Zunächst werden anhand der Verbal- und Nominalendungen (z. B. KNG-Kongruenzen) sowie der Subjunktionen und Relativpronomen Haupt- und Nebensätze abgetrennt. Anschließend wird durch Wortfragen (sog. W-Fragen) und Analyse der Kasusendungen sowie der Rektion der jeweilige Satzkern (Prädikat, Subjekt, Objekt des Hauptsatzes) ermittelt. Danach werden, von diesem Satzkern ausgehend, die restlichen Wörter bestimmt.

Dieses Vorgehen wird hier an einem Beispiel aus Text 2 vorgestellt. Die Satzteile sind farbig markiert (rot: Prädikat, grün: Subjekt, blau: adv. Bestimmungen, violett: Objekt)
Interveniunt amici ex proximis oppidis / partemque diei ad se trahunt / interdumque lasso mihi opportuna interpellatione subveniunt.

interveniunt	**sie kommen dazwischen**	*Wer oder was kommt dazwischen?*
amici	**die Freunde kommen dazwischen**	*Woher kommen sie?*
ex proximis oppidis	**aus den nächstgelegenen Städten**	
ad se trahunt	**sie nehmen in Anspruch**	*Wer oder was?*
(wieder *amici*)	**die Freunde nehmen in Anspruch**	*Wen oder was nehmen sie in Anspruch?*
partem	**einen Teil**	
subveniunt	**sie kommen zu Hilfe**	*Wer oder was?*
(wieder *amici*)	**die Freunde kommen zu Hilfe**	*Wann?*
interdum	**manchmal**	*Womit?*
opportuna interpellatione	**mit der günstigen Unterbrechung**	*Wem?*
mihi	**mir**	

Die fehlenden Wörter bzw. Wortblöcke werden in das übersetzte Grundgerüst eingebaut:

Freunde aus den nächstgelegenen Städten kommen dazwischen und nehmen einen Teil des Tages in Anspruch und manchmal kommen sie mir, dem Erschöpften, mit der günstigen Unterbrechung zu Hilfe.

Sprachlich müssen Sie oft noch etwas nachbessern, z. B. zeigt sich, dass die Bedeutung „dazwischenkommen" für *subvenire* hier nicht so gut passt und in diesem Zusammenhang besser mit „vorbeikommen" übersetzt werden sollte.

Eine elegantere Übersetzung dieses Satzes könnte dementsprechend lauten:

Ab und zu kommen auch Freunde aus den Nachbarorten vorbei, beanspruchen einen Teil des Tages für sich und manchmal, wenn ich erschöpft bin, kommen sie mir mit einer solchen Unterbrechung sehr gelegen.